U0185053

国家出版基金资助项目

现代数学中的著名定理纵横谈丛书

丛书主编　王梓坤

MACLAURIN SERIES AND TAYLOR EXPANSION

Maclaurin级数与Taylor展式

刘培杰数学工作室　编

哈尔滨工业大学出版社

HARBIN INSTITUTE OF TECHNOLOGY PRESS

内容简介

本书共分三编.由三位中学教师对教学的探讨引出,介绍了无穷级数、Maclaurin 级数及 Taylor 展式的相关内容.

本书适合数学爱好者及相关领域研究人员参考使用.

图书在版编目(CIP)数据

Maclaurin 级数与 Taylor 展式/ 刘培杰数学工作室编. —哈尔滨:哈尔滨工业大学出版社,2024.3
(现代数学中的著名定理纵横谈丛书)
ISBN 978 - 7 - 5603 - 9031 - 4

Ⅰ.①M… Ⅱ.①刘… Ⅲ.①麦克劳林级数②泰勒级数 Ⅳ.①O173.1

中国版本图书馆 CIP 数据核字(2020)第 160503 号

MACLAURIN JISHU YU TAYLOR ZHANSHI

策划编辑　刘培杰　张永芹
责任编辑　刘春雷
封面设计　孙茵艾
出版发行　哈尔滨工业大学出版社
社　　址　哈尔滨市南岗区复华四道街 10 号　邮编 150006
传　　真　0451 - 86414749
网　　址　http://hitpress.hit.edu.cn
印　　刷　辽宁新华印务有限公司
开　　本　787 mm×960 mm　1/16　印张 14.5　字数 156 千字
版　　次　2024 年 3 月第 1 版　2024 年 3 月第 1 次印刷
书　　号　ISBN 978 - 7 - 5603 - 9031 - 4
定　　价　88.00 元

读书的乐趣

你最喜爱什么——书籍.

你经常去哪里——书店.

你最大的乐趣是什么——读书.

这是友人提出的问题和我的回答. 真的, 我这一辈子算是和书籍, 特别是好书结下了不解之缘. 有人说, 读书要费那么大的劲, 又发不了财, 读它做什么? 我却至今不悔, 不仅不悔, 反而情趣越来越浓. 想当年, 我也曾爱打球, 也曾爱下棋, 对操琴也有兴趣, 还登台伴奏过. 但后来却都一一断交, "终身不复鼓琴". 那原因便是怕花费时间, 玩物丧志, 误了我的大事——求学. 这当然过激了一些. 剩下来唯有读书一事, 自幼至今, 无日少废, 谓之书痴也可, 谓之书橱也可, 管它呢, 人各有志, 不可相强. 我的一生大志, 便是教书, 而当教师, 不多读书是不行的.

读好书是一种乐趣, 一种情操; 一种向全世界古往今来的伟人和名人求

1

教的方法,一种和他们展开讨论的方式;一封出席各种活动、体验各种生活、结识各种人物的邀请信;一张迈进科学宫殿和未知世界的入场券;一股改造自己、丰富自己的强大力量.书籍是全人类有史以来共同创造的财富,是永不枯竭的智慧的源泉.失意时读书,可以使人重整旗鼓;得意时读书,可以使人头脑清醒;疑难时读书,可以得到解答或启示;年轻人读书,可明奋进之道;年老人读书,能知健神之理.浩浩乎! 洋洋乎! 如临大海,或波涛汹涌,或清风微拂,取之不尽,用之不竭.吾于读书,无疑义矣,三日不读,则头脑麻木,心摇摇无主.

潜能需要激发

我和书籍结缘,开始于一次非常偶然的机会.大概是八九岁吧,家里穷得揭不开锅,我每天从早到晚都要去田园里帮工.一天,偶然从旧木柜阴湿的角落里,找到一本蜡光纸的小书,自然很破了.屋内光线暗淡,又是黄昏时分,只好拿到大门外去看.封面已经脱落,扉页上写的是《薛仁贵征东》.管它呢,且往下看.第一回的标题已忘记,只是那首开卷诗不知为什么至今仍记忆犹新:

日出遥遥一点红,飘飘四海影无踪.

三岁孩童千两价,保主跨海去征东.

第一句指山东,二、三两句分别点出薛仁贵(雪、人贵).那时识字很少,半看半猜,居然引起了我极大的兴趣,同时也教我认识了许多生字.这是我有生以来独立看的第一本书.尝到甜头以后,我便千方百计去找书,向小朋友借,到亲友家找,居然断断续续看了《薛丁山征西》《彭公案》《二度梅》等,樊梨花便成了我心中的女英雄.我真入迷了.从此,放牛也罢,车水也罢,我总要带一本书,还练出了边走田间小路边读书的本领,读得津津有味,不知人间别有他事.

当我们安静下来回想往事时,往往会发现一些偶然的小事却影响了自己的一生.如果不是找到那本《薛仁贵征东》,我的好学心也许激发不起来.我这一生,也许会走另一条路.人的潜能,好比一座汽油库,星星之火,可以使它雷声隆隆、光照天地;但若少了这粒火星,它便会成为一潭死水,永归沉寂.

抄,总抄得起

好不容易上了中学,做完功课还有点时间,便常光顾图书馆.好书借了实在舍不得还,但买不到也买不起,便下决心动手抄书.抄,总抄得起.我抄过林语堂写的《高级英文法》,抄过英文的《英文典大全》,还抄过《孙子兵法》,这本书实在爱得狠了,竟一口气抄了两份.人们虽知抄书之苦,未知抄书之益,抄完毫末俱见,一览无余,胜读十遍.

始于精于一,返于精于博

关于康有为的教学法,他的弟子梁启超说:"康先生之教,专标专精、涉猎二条,无专精则不能成,无涉猎则不能通也."可见康有为强烈要求学生把专精和广博(即"涉猎")相结合.

在先后次序上,我认为要从精于一开始.首先应集中精力学好专业,并在专业的科研中做出成绩,然后逐步扩大领域,力求多方面的精.年轻时,我曾精读杜布(J. L. Doob)的《随机过程论》,哈尔莫斯(P. R. Halmos)的《测度论》等世界数学名著,使我终身受益.简言之,即"始于精于一,返于精于博".正如中国革命一

3

样,必须先有一块根据地,站稳后再开创几块,最后连成一片.

丰富我文采,澡雪我精神

辛苦了一周,人相当疲劳了,每到星期六,我便到旧书店走走,这已成为生活中的一部分,多年如此.一次,偶然看到一套《纲鉴易知录》,编者之一便是选编《古文观止》的吴楚材.这部书提纲挈领地讲中国历史,上自盘古氏,直到明末,记事简明,文字古雅,又富于故事性,便把这部书从头到尾读了一遍.从此启发了我读史书的兴趣.

我爱读中国的古典小说,例如《三国演义》和《东周列国志》.我常对人说,这两部书简直是世界上政治阴谋诡计大全.即以近年来极时髦的人质问题(伊朗人质、劫机人质等),这些书中早就有了,秦始皇的父亲便是受害者,堪称"人质之父".

《庄子》超尘绝俗,不屑于名利.其中"秋水""解牛"诸篇,诚绝唱也.《论语》束身严谨,勇于面世,"己所不欲,勿施于人",有长者之风.司马迁的《报任少卿书》,读之我心两伤,既伤少卿,又伤司马;我不知道少卿是否收到这封信,希望有人做点研究.我也爱读鲁迅的杂文,果戈理、梅里美的小说.我非常敬重文天祥、秋瑾的人品,常记他们的诗句:"人生自古谁无死,留取丹心照汗青""休言女子非英物,夜夜龙泉壁上鸣".唐诗、宋词、《西厢记》《牡丹亭》,丰富我文采,澡雪我精神,其中精粹,实是人间神品.

读了邓拓的《燕山夜话》,既叹服其广博,也使我动了写《科学发现纵横谈》的心.不料这本小册子竟给我招来了上千封鼓励信.以后人们便写出了许许多多的"纵横谈".

从学生时代起,我就喜读方法论方面的论著.我想,做什么事情都要讲究方法,追求效率、效果和效益,方法好能事半而功倍.我很留心一些著名科学家、文学家写的心得体会和经验.我曾惊讶为什么巴尔扎克在51年短短的一生中能写出上百本书,并从他的传记中去寻找答案.文史哲和科学的海洋无边无际,先哲们的明智之光沐浴着人们的心灵,我衷心感谢他们的恩惠.

读书的另一面

以上我谈了读书的好处,现在要回过头来说说事情的另一面.

读书要选择.世上有各种各样的书:有的不值一看,有的只值看20分钟,有的可看5年,有的可保存一辈子,有的将永远不朽.即使是不朽的超级名著,由于我们的精力与时间有限,也必须加以选择.决不要看坏书,对一般书,要学会速读.

读书要多思考.应该想想,作者说得对吗?完全吗?适合今天的情况吗?从书本中迅速获得效果的好办法是有的放矢地读书,带着问题去读,或偏重某一方面去读.这时我们的思维处于主动寻找的地位,就像猎人追找猎物一样主动,很快就能找到答案,或者发现书中的问题.

有的书浏览即止,有的要读出声来,有的要心头记住,有的要笔头记录.对重要的专业书或名著,要勤做笔记,"不动笔墨不读书".动脑加动手,手脑并用,既可加深理解,又可避忘备查,特别是自己的灵感,更要及时抓住.清代章学诚在《文史通义》中说:"札记之功必不可少,如不札记,则无穷妙绪如雨珠落大海矣."

许多大事业、大作品，都是长期积累和短期突击相结合的产物．涓涓不息，将成江河；无此涓涓，何来江河？

爱好读书是许多伟人的共同特性，不仅学者专家如此，一些大政治家、大军事家也如此．曹操、康熙、拿破仑、毛泽东都是手不释卷，嗜书如命的人．他们的巨大成就与毕生刻苦自学密切相关．

王梓坤

目录

第一编

三位中学数学
教师的探讨

三位中学数学教师的探讨

§1 高观点下的高中数学课堂教学思考

浙江省衢州市第二中学的廖如舟老师在教学中尝试用近代数学的观点来改造传统的中学数学内容,加强函数和微积分的教学,改革和充实代数的内容,倡导"高观点下的初等数学"意识,并取得了一定的教学效果.

1. 例题呈现

例 （2013 年高考数学卷）已知函数 $f(x) = \ln(1+x) - \dfrac{x(1+\lambda x)}{1+x}$.

（1）若 $x \geqslant 0$ 时,$f(x) \leqslant 0$,求 λ 的最小值;

（2）设数列 $\{a_n\}$ 的通项 $a_n = 1 + \dfrac{1}{2} +$

$\dfrac{1}{3} + \cdots + \dfrac{1}{n}$. 证明:$a_{2n} - a_n + \dfrac{1}{4n} > \ln 2.$

(1)**解**　由已知

$$f(0) = 0$$

$$f'(x) = \frac{(1 - 2\lambda)x - \lambda x^2}{(1 + x)^2}$$

$$f'(0) = 0$$

若 $\lambda < \dfrac{1}{2}$,则当 $0 < x < 2(1 - 2\lambda)$ 时,$f'(x) > 0$,所以 $f(x) > 0$;若 $\lambda \geqslant \dfrac{1}{2}$,则当 $x > 0$ 时,$f'(x) < 0$,所以 $f(x) < 0.$

综上所述,λ 的最小值为 $\dfrac{1}{2}.$

(2)**证明**　$a_{2n} - a_n = \dfrac{1}{n+1} + \dfrac{1}{n+2} + \cdots + \dfrac{1}{2n}$,由 $\ln(1 + x) \leqslant \dfrac{x(1 + \lambda x)}{1 + x}$,当且仅当 $x = 0$ 时,令 $x = \dfrac{1}{k}$,知

$$\ln\left(1 + \frac{1}{k}\right) \leqslant \frac{\dfrac{1}{k}\left(1 + \lambda\,\dfrac{1}{k}\right)}{1 + \dfrac{1}{k}}$$

$$= \frac{1}{k+1} + \frac{\lambda}{k(k+1)}$$

$$= \frac{1}{k+1} + \lambda\left(\frac{1}{k} - \frac{1}{k+1}\right)$$

$$\sum_{k=n}^{2n-1} \ln\left(1 + \frac{1}{k}\right) < \sum_{k=n}^{2n-1} \frac{1}{k+1} + \lambda \sum_{k=n}^{2n-1}\left(\frac{1}{k} - \frac{1}{k+1}\right)$$

取 $\lambda = \dfrac{1}{2}$,可得 $a_{2n} - a_n + \dfrac{1}{4n} > \ln 2.$

2. 高观点下的数学解题

根据牛顿[①]的幂级数有

$$\ln\left(1+\frac{1}{x}\right)=\frac{1}{x}-\frac{1}{2x^2}+\frac{1}{3x^3}-\cdots$$

于是

$$\frac{1}{x}=\ln\left(\frac{x+1}{x}\right)+\frac{1}{2x^2}-\frac{1}{3x^3}+\cdots$$

代入 $x=1,2,3,\cdots,n$，于是有

$$\frac{1}{1}=\ln 2+\frac{1}{2}-\frac{1}{3}+\frac{1}{4}-\frac{1}{5}+\cdots$$

$$\frac{1}{2}=\ln\frac{3}{2}+\frac{1}{2\times 4}-\frac{1}{3\times 8}+\frac{1}{4\times 16}-\cdots$$

$$\vdots$$

$$\frac{1}{n}=\ln\left(\frac{n+1}{n}\right)+\frac{1}{2n^2}-\frac{1}{3n^3}+\cdots$$

将以上各式相加可得

$$\frac{1}{1}+\frac{1}{2}+\cdots+\frac{1}{n}=\ln(n+1)+$$

$$\frac{1}{2}\left(1+\frac{1}{4}+\cdots+\frac{1}{n^2}\right)-$$

$$\frac{1}{3}\left(1+\frac{1}{8}+\cdots+\frac{1}{n^3}\right)+\cdots$$

后面那一串和都是收敛的,我们可以定义

$$\frac{1}{1}+\frac{1}{2}+\cdots+\frac{1}{n}=\ln(n+1)+r+\sigma(n)$$

------

① 牛顿(Newton,1643—1727),英国著名物理学家、数学家、天文学家、自然哲学家.

欧拉①近似地计算了 r 的值,约为 0. 577 215 664 9. 这个数字就是后来所说的欧拉常数.

故对于本题,我们可以这样考虑:

当 $n \to \infty$ 时

$$\frac{1}{1} + \cdots + \frac{1}{n} = \ln(n) + r + \sigma(n)$$

$$\frac{1}{1} + \cdots + \frac{1}{n} + \cdots + \frac{1}{2n} = \ln(2n) + r + \sigma(n+1)$$

则

$$\frac{1}{n+1} + \cdots + \frac{1}{2n} = \ln 2 + \sigma(n+1) = \ln 2$$

故当 $n \to \infty$ 时

$$\frac{1}{n+1} + \cdots + \frac{1}{2n} + \frac{1}{4n} = \ln 2 + \sigma(n+1) = \ln 2$$

又由于 $f(n)$ 单调递减,所以对于任意 $n \in \mathbf{N}^*$,均成立

$$\frac{1}{n+1} + \cdots + \frac{1}{2n} + \frac{1}{4n} > \ln 2$$

运用高等数学中的幂级数理论证明初等数学问题,学生感受到了数学中的美,同时也对欧拉、牛顿等数学家油生敬意.

学生的思维一旦被打开,课堂就变得更加丰富,一位学生结合微积分知识,来解释本题的思考.

利用 $[k, k+1]$ 之间梯形和曲边四边形的面积之间的关系,得

$$\sum_{k=n}^{2n-1} \frac{f(k) + f(k+1)}{2} > \int_n^{2n} f(x) \, \mathrm{d}x$$

---

① 欧拉(Euler,1707—1783),瑞士数学家.

其中 $f(x) = \dfrac{1}{x}$. 由 $f(x) = \dfrac{1}{x}$ 的凹凸性可知 $f(x) = \dfrac{1}{x}$ 在区间 $(0, +\infty)$ 内为下凸函数

$$\frac{1}{2}\left(\frac{1}{n} + \cdots + \frac{1}{2n-1}\right) + \frac{1}{2}\left(\frac{1}{n+1} + \cdots + \frac{1}{2n}\right)$$

$$> \ln x\,\big|_n^{2n} = \ln 2$$

即

$$\frac{1}{n+1} + \cdots + \frac{1}{2n} + \frac{1}{4n} > \ln 2$$

说明　这就是高等数学中的微积分初步,站在高观点下,问题解决得如此简单,学生豁然开朗. 这样的问题在不等式证明中屡见不鲜,除了不等式基本证明方法之外,高观点下的不等式的证明方法还有很多.

作为一名合格的中学数学教师,必须精通高等数学的知识,不断地学习充实自己,也许同样的课堂不可能再次上演,但是被教师启发过的学生,会在不同的课堂中为教学带来意外的收获. 在高观点下的高中数学课堂教学中的探索和实践,应有效地与高中课堂结合在一起,真正发挥高等数学对初等数学教学的指导作用.

§2　两道高考题的共同背景和命题思路

每年的高考压轴题,我们在惊叹考题设计之精巧、解答之天衣无缝的同时往往很想知道"这些题从哪来,如何构造出这么精准的函数". 怀揣好奇之心,江苏南京大厂高级中学的余建国老师对 2015 年的两道高考题仔细研究,发现了它们相同的背景及命题思路.

例 1 (2015 年福建省数学高考理科试题第 20 题)已知函数 $f(x)=\ln(1+x)$,$g(x)=kx$,$k\in\mathbf{R}$.

(1)证明:当 $x>0$ 时,$f(x)<x$;

(2)证明:当 $k<1$ 时,存在 $x_0>0$,使得对任意的 $x\in(0,x_0)$,恒有 $f(x)>g(x)$;

(3)确定 k 的所有可能取值,使得存在 $t>0$,对任意的 $x\in(0,t)$,恒有 $|f(x)-g(x)|<x^2$.

1. 初步分析

第(1)小题就是证明不等式:当 $x>0$ 时,$\ln(1+x)<x\Leftrightarrow$ 当 $x>1$ 时,$\ln x<x-1\Leftrightarrow$ 当 $x>1$ 时,$x<\mathrm{e}^{x-1}\Leftrightarrow$ 当 $x>0$ 时,$x+1<\mathrm{e}^x$;……而事实上,$\mathrm{e}^x\geqslant 1+x$ 对任意 $x\in\mathbf{R}$ 都成立,它反映了两个函数 $y=\mathrm{e}^x$ 和 $y=1+x$ 的图像关系(如图 1 所示).同样地,$\ln(1+x)\leqslant x$ 对任意 $x\in(-1,+\infty)$ 都成立,它反映了两个函数 $y=\ln(1+x)$ 和 $y=x$ 的图像关系(如图 2 所示).基于这些不等式的高考试题很多,在此不再赘述.

在图 2 中,将函数 $y=\ln(1+x)$ 在原点处的切线 $y=x$ 绕原点旋转,于是当直线 $l:y=kx$ 的斜率 $k\in(0,1)$ 时,l 必与函数 $y=\ln(1+x)$ 的图像在第一象限有一个交点 $(x_0,f(x_0))$,因而当 $x\in(0,x_0)$ 时,根据图像位置关系恒有 $f(x)>g(x)$(如图 3 所示).而当 $k\leqslant 0$ 时,因为 $x\in(0,+\infty)$,所以 $f(x)>0$,$g(x)<0$,$f(x)>g(x)$,x_0 的存在性是显然的,x_0 可以是任意正数. 这

8

样,第(2)小题就"命题"成功了.

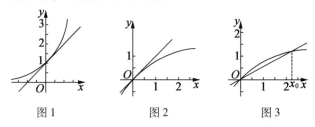

图 1　　　　　图 2　　　　　图 3

2. 高数背景

如果说(1)(2)两问还能从初等数学背景"还原"命题思路,那么第(3)问是如何产生的呢? 我们不妨从数学分析中找一找:函数 $f(x)$ 在 $x=0$ 处的泰勒[①]展开式为

$$f(x) = f(0) + f'(0)x + \frac{f''(0)}{2!}x^2 + \frac{f'''(0)}{3!}x^3 + \cdots +$$
$$\frac{f^{(n)}(0)}{n!}x^n + \cdots \tag{1}$$

因此,函数 $f(x) = \ln(1+x)$ 在 $x=0$ 处的泰勒展开式为

$$\ln(1+x) = 0 + x - \frac{1}{2}x^2 + \frac{1}{3}x^3 - \frac{1}{4}x^4 + \frac{1}{5}x^5 - \frac{1}{6}x^6 + \cdots \tag{2}$$

或者用拉格朗日[②]余项形式写成

$$\ln(1+x) = 0 + x - \frac{1}{2}x^2 + \frac{1}{3(\theta x + 1)^3}x^3$$

其中 $0 < \theta < 1$,于是不等式 $|f(x) - g(x)| < x^2$ 可化为

[①]　泰勒(Taylor,1685—1731),英国数学家.

[②]　拉格朗日(Lagrange,1736—1813),法国数学家.

$$\left| (1-k)x - \frac{1}{2}x^2 + \frac{1}{3(\theta x+1)^3}x^3 \right| < x^2$$

由于 $0 < \theta < 1, 0 < x < 1$,于是当 $x \to 0$ 时,余项可忽略,因此只需考查不等式

$$\left| (1-k)x - \frac{1}{2}x^2 \right| < x^2$$

在同一坐标系内分别画函数 $y = \left| (1-k)x - \frac{1}{2}x^2 \right|$ 和 $y = x^2$ 的图像(前者为虚线,后者为实线). 当 $k < 1$ 时(如图 4 所示),不符合题意;当 $k > 1$ 时(如图 5 所示),不符合题意.

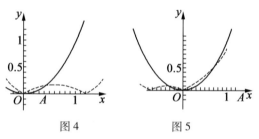

图 4   图 5

而当 $k = 1$ 时,由 $x > \ln(1+x)$,可令

$$m(x) = x - \ln(1+x) - x^2$$
$$= -\frac{1}{2}x^2 - \frac{1}{3(\theta x+1)^3}x^3$$

因为 $0 < \theta < 1$,当 $x \in (0, +\infty)$ 时,$m(x) < 0$,即

$$x - \ln(1+x) < x^2$$

经过"参数化",即 $|kx - \ln(1+x)| < x^2$,再将问题"反过来",即"已知 $|kx - \ln(1+x)| < x^2$ 在一定条件下成立,求 k 的值". 这样,一个漂亮的压轴题就诞生了.

3. 自由组合

至此,第(3)问的命题思路已十分清楚:先将超越函数 e^x,$\ln x$ 等用泰勒公式展开,这样就能"截取"多项式函数,并与其他有理函数组合,然后融入参数,并将问题"倒过来"编制. 仿此思路,也来命制一题.

背景 函数 $f(x) = \ln(1-x)$ 在 $x=0$ 处的泰勒展开式为

$$\ln(1-x) = 0 - x - \frac{1}{2}x^2 - \frac{1}{3}x^3 - \frac{1}{4}x^4 - \frac{1}{5}x^5 - \frac{1}{6}x^6 - \cdots$$

$$(3)$$

式(2) – 式(3),得

$$\ln(1+x) - \ln(1-x) = 2x + \frac{2}{3}x^3 + \frac{2}{5}x^5 + \cdots$$

当 $0 < x < 1$ 时,可得

$$\ln\frac{1+x}{1-x} = 2x + \frac{2}{3}x^3 + \frac{2}{5}x^5 + \cdots > 2x + \frac{2}{3}x^3$$

基于这个背景,仿例 1 的思路,现在我们也可以"成功"地编制出以下高考试题:

例 2 (2015 年北京市数学高考理科试题第 18 题)已知函数 $f(x) = \ln\frac{1+x}{1-x}$.

(1)求曲线 $y = f(x)$ 在点 $(0, f(0))$ 处的切线方程;

(2)求证:当 $x \in (0,1)$ 时,$f(x) > 2\left(x + \frac{1}{3}x^3\right)$;

(3)设实数 k 使得 $f(x) > k\left(x + \frac{1}{3}x^3\right)$ 对 $x \in (0,1)$ 恒成立,求 k 的最大值.

高考题并不神秘！作为一线教师，要摒弃题海战术，真正理解数学，在整个数学的历史长河中摸清经典试题的背景和来龙去脉，引导学生理解数学、解决问题，这样的复习对高考才是有效的.

§3　泰勒公式在解高考试题中的应用

福建省福清市第三中学的李云杰老师将高等数学中的知识——泰勒公式——应用于教研中，运用高等数学知识研究高考试题.

1. 泰勒公式

定理 1　若 $f(x)$ 在点 $x=0$ 处有直到 $n+1$ 阶连续导数，那么

$$f(x)=f(0)+f'(0)x+\frac{f''(0)}{2!}x^2+$$

$$\frac{f'''(0)}{3!}x^3+\cdots+\frac{f^{(n)}(0)}{n!}x^n+R_n(x)$$

$$R_n(x)=\frac{f^{(n+1)}(\xi)}{(n+1)!}x^{n+1}\quad（其中 \xi 在 0 与 x 之间）$$

这就是函数 $f(x)$ 在点 $x=0$ 附近关于 x 的幂函数展开式，也叫泰勒公式，式中 $R_n(x)$ 叫作拉格朗日余项.

定理 2　若函数 $f(x)$ 在 x_0 处存在 n 阶导数，则在 x_0 附近有

$$f(x)=f(x_0)+f'(x_0)(x-x_0)+\frac{f''(x_0)}{2!}(x-x_0)^2+$$

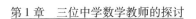

$$\frac{f'''(x_0)}{3!}(x-x_0)^3+\cdots+\frac{f^{(n)}(x_0)}{n!}(x-x_0)^n+R_n(x)$$

余项的拉格朗日表示为

$$R_n(x)=\frac{f^{(n+1)}(\xi)}{(n+1)!}(x-x_0)^{n+1}\qquad(\xi\ \text{在}\ x_0\ \text{与}\ x\ \text{之间})$$

其中 $R_n(x)=o[(x-x_0)^n]$ 称为皮亚诺①型余项.

例 1　（2015 年北京市数学高考理科试题第 18
题）已知函数 $f(x)=\ln\dfrac{1+x}{1-x}$.

（1）求曲线 $y=f(x)$ 在点 $(0,f(0))$ 处的切线方程；

（2）求证：当 $x\in(0,1)$ 时，$f(x)>2\left(x+\dfrac{x^3}{3}\right)$；

（3）设实数 k 使得 $f(x)>k\left(x+\dfrac{x^3}{3}\right)$ 对 $x\in(0,1)$
恒成立，求 k 的最大值.

解析　第（3）问的命题思路可以理解为将函数
$f(x)=\ln(1-x)$ 在 $x=0$ 处的泰勒展开式为

$$\ln(1-x)=0-x-\frac{1}{2}x^2-\frac{1}{3}x^3-\frac{1}{4}x^4-\frac{1}{5}x^5-\frac{1}{6}x^6-\cdots$$

又

$$\ln(1+x)=0+x-\frac{1}{2}x^2+\frac{1}{3}x^3-\frac{1}{4}x^4+\frac{1}{5}x^5-\frac{1}{6}x^6+\cdots$$

两式相减得到

$$\ln\frac{1+x}{1-x}=2x+\frac{2}{3}x^3+\frac{2}{5}x^5+\cdots$$

$$>2x+\frac{2}{3}x^3=2\left(x+\frac{1}{3}x^3\right)$$

---

①　皮亚诺(Peano，1858—1932)，意大利数学家.

将 $2\left(x+\dfrac{1}{3}x^3\right)$ 中的系数 2 改写为参数 k,可得到

$f(x)>k\left(x+\dfrac{x^3}{3}\right)$,即为问题(3).

这种将式子结构中的数据字母化的命题手法经常出现. 比如:

例2 (2015 年高考福建卷·理 20)已知函数 $f(x)=\ln(1+x)$,$g(x)=kx(k\in\mathbf{R})$.

(1)证明:当 $x>0$ 时,$f(x)<x$;

(2)证明:当 $k<1$ 时,存在 $x_0>0$,使得对任意的 $x\in(0,x_0)$,恒有 $f(x)>g(x)$;

(3)确定 k 的所有可能取值,使得存在 $t>0$,对任意的 $x\in(0,t)$,恒有 $|f(x)-g(x)|<x^2$.

解析 第(3)问的命题思路可以理解为:函数 $f(x)=\ln(1+x)$ 在 $x=0$ 处的泰勒展开式为

$$\ln(1+x)=0+x-\frac{1}{2}x^2+\frac{1}{3}x^3-\frac{1}{4}x^4+\frac{1}{5}x^5-\frac{1}{6}x^6+\cdots$$

当 $x\to0$ 时,不等式 $|f(x)-g(x)|<x^2$ 可转化为 $\left|(1-k)x-\dfrac{1}{2}x^2\right|<x^2$(拉格朗日余项忽略). 由 $x>\ln(1+x)$,构造函数

$$h(x)=x-\ln(1+x)-x^2$$
$$=-\frac{1}{2}x^2-\frac{1}{3(\theta x+1)^3}x^3$$

当 $x>0$ 时,$h(x)<0$,即

$$x-\ln(1+x)<x^2$$

将 x 的系数 1 改为参数 k,可得到

$$|kx - \ln(1 + x)| < x^2$$

即为问题(3).

我们再来看看近年全国卷用泰勒展开式命制的部分试题.

例3 （2010年高考全国课标卷·理21）设函数 $f(x) = e^x - 1 - x - ax^2$.

（1）若 $a = 0$，求 $f(x)$ 的单调区间；

（2）若 $x \geq 0$ 时，$f(x) \geq 0$，求 a 的取值范围.

解析 本题第(2)问的命制以 $f(x) = e^x$ 在 $x = 0$ 处的泰勒展开式

$$e^x = 1 + x + \frac{x^2}{2!} + \cdots + \frac{x^n}{n!} + \cdots$$

为背景,得到不等式

$$e^x \geq 1 + x + \frac{x^2}{2} \quad (x \geq 0)$$

将 $\dfrac{1}{2}$ 改为参数 a，故 a 的取值范围为 $\left(-\infty, \dfrac{1}{2} \right]$.

例4 （2004年高考全国Ⅱ卷·理22）已知函数 $f(x) = \ln(1 + x) - x, g(x) = x\ln x$.

（1）求函数 $f(x)$ 的最大值；

（2）设 $0 < a < b$，证明

$$0 < g(a) + g(b) - 2g\left(\frac{a + b}{2} \right) < (b - a)\ln 2$$

解析 本题第(2)问,所证不等式的左边部分

$$g(a) + g(b) - 2g\left(\frac{a + b}{2} \right) > 0$$

的结构形式让我们看到了高等数学中函数的泰勒公

15

式的"痕迹". 下面用泰勒公式处理第(2)问: 由题干条

件, $g(x) = x\ln x, g'(x) = \ln x + 1, g''(x) = \dfrac{1}{x}$.

因为 $0 < a < b$, 所以当任意 $x \in (a,b)$ 时

$$g''(x) > 0$$

将函数 $g(x)$ 在点 $x = \dfrac{a+b}{2}$ 处泰勒展开

$$g(x) = g\left(\frac{a+b}{2}\right) + g'\left(\frac{a+b}{2}\right)\left(x - \frac{a+b}{2}\right) +$$

$$\frac{1}{2}g''(\xi)\left(x - \frac{a+b}{2}\right)^2$$

其中 ξ 在 x 与 $\dfrac{a+b}{2}$ 之间.

分别令 $x = a, x = b$, 代入上式可得

$$g(a) = g\left(\frac{a+b}{2}\right) + g'\left(\frac{a+b}{2}\right)\frac{a-b}{2} +$$

$$\frac{1}{2}\left(\frac{a-b}{2}\right)^2 g''(\xi_1) \quad \left(\xi_1 \in \left(a, \frac{a+b}{2}\right)\right)$$

$$g(b) = g\left(\frac{a+b}{2}\right) + g'\left(\frac{a+b}{2}\right)\frac{b-a}{2} +$$

$$\frac{1}{2}\left(\frac{a-b}{2}\right)^2 g''(\xi_2) \quad \left(\xi_2 \in \left(\frac{a+b}{2}, b\right)\right)$$

所以

$$g(a) + g(b) = 2g\left(\frac{a+b}{2}\right) + \frac{1}{2}\left(\frac{a-b}{2}\right)^2 \left[g''(\xi_1) + g''(\xi_2)\right]$$

因此

$$g(a) + g(b) - 2g\left(\frac{a+b}{2}\right)$$

$$= \frac{1}{2}\left(\frac{a-b}{2}\right)^2 \left[g''(\xi_1) + g''(\xi_2)\right] > 0$$

即

$$g(a) + g(b) - 2g\left(\frac{a+b}{2}\right) > 0$$

仿照以上几题的解题思路,读者不难发现以下试题的命题思路.

例5 (2007 年高考全国 Ⅰ 卷·理 20)$f(x) = e^x - e^{-x}$.

(1)证明:$f(x)$ 的导数 $f'(x) \geqslant 2$;

(2)若对所有的 $x \geqslant 0$ 都有 $f(x) \geqslant ax$,求 a 的取值范围.

泰勒展开式还可用于近似计算,比如求 $\tan 4°$,$\sqrt{37}$,$\ln 2$ 等. 如:

例6 (2014 年高考新课标全国 Ⅱ 卷·理 21)已知函数 $f(x) = e^x - e^{-x} - 2x$.

(1)讨论 $f(x)$ 的单调性;

(2)设 $g(x) = f(2x) - 4bf(x)$,当 $x > 0$ 时,$g(x) > 0$,求 b 的最大值;

(3)已知 $1.414\,2 < \sqrt{2} < 1.414\,3$,估计 $\ln 2$ 的近似值(精确到 0.001).

解析 在本题的第(3)问中,因为

$$\ln 2 = \ln \frac{4}{2} = \ln \frac{1 + \frac{1}{3}}{1 - \frac{1}{3}}$$

转化研究 $\ln \dfrac{1+x}{1-x}$ 的结构. 因为函数

$$f(x) = \ln(1+x)$$

与

$$f(x) = \ln(1-x)$$

在 $x=0$ 处的泰勒展开式分别为

$$\ln(1+x) = 0 + x - \frac{1}{2}x^2 + \frac{1}{3}x^3 - \frac{1}{4}x^4 + \frac{1}{5}x^5 - \frac{1}{6}x^6 + \cdots$$

$$\ln(1-x) = 0 - x - \frac{1}{2}x^2 - \frac{1}{3}x^3 - \frac{1}{4}x^4 - \frac{1}{5}x^5 - \frac{1}{6}x^6 - \cdots$$

两式相减得到

$$\ln\frac{1+x}{1-x} = 2x + \frac{2}{3}x^3 + \frac{2}{5}x^5 + \cdots$$

取 $x = \frac{1}{3}$ 即可快速得到符合精度的近似值

$$2 \times \frac{1}{3} + \frac{2}{3} \times \left(\frac{1}{3}\right)^3 + \frac{2}{5} \times \left(\frac{1}{3}\right)^5 \approx 0.693$$

通过以上几题的解析,可总结出应用泰勒展开式解决部分"函数不等式求参数范围"题型的技巧和方法. 若试题中的不等式出现 $\ln(1+x)$, $\ln(1-x)$, e^x, e^{-x}, $\sin x$, $\cos x$ 等与多项式函数的组合,不妨运用泰勒展开式,找出参数,有了这个目标结果,解题就水到渠成了. 一线教师要善于研究高考真题的命题手法,领会命题老师的匠心独运的试题搭建方式,了解试题的"前世今生",明辨问题的本源,提高专业素养.

第二编
无穷级数·幂级数

无穷级数与幂级数

第 2 章

§1　无穷级数概说

1.基本概念　设 $u_1, u_2, \cdots, u_n, \cdots$ 是一个给定的无穷数列. 由部分和

$$s_1 = u_1, s_2 = u_1 + u_2, \cdots$$

$$s_n = u_1 + u_2 + \cdots + u_n, \cdots$$

构成的数列 $s_1, s_2, s_3, \cdots, s_n, \cdots$ 叫作所给数列的相应和数列.

若部分和 s_n 随 n 的增大而趋于一个确定的有限的极限

$$\lim_{n \to \infty} s_n = s \qquad (1)$$

则我们记

$$s = u_1 + u_2 + u_3 + \cdots \qquad (2)$$

且称 $u_1 + u_2 + u_3 + \cdots$ 为收敛的无穷级数, 其和等于 s.

若 $s_n \to \infty$,级数[①]叫作发散的;若极限不存在,级数还叫作振动的.

若级数收敛,则

$$s - s_n = r_n = u_{n+1} + u_{n+2} + \cdots$$

叫作(第 n 项以后的或第 n 个)余项(尾量),且有

$$\lim_{n \to \infty} r_n = 0 \qquad\qquad (3)$$

例 1   就几何级数 $G(x) = 1 + x + x^2 + x^3 + \cdots$ 来说,有 $u_n = x^{n-1}$,所以当 $x \neq 1$ 时,有

$$s_n = u_1 + u_2 + \cdots + u_n$$

$$= \frac{1 - x^n}{1 - x} = \frac{1}{1 - x} - \frac{x^n}{1 - x}$$

若 $|x| < 1$,当 $n \to \infty$ 时,有 $\lim\limits_{n \to \infty} x^n = 0$;可是当 $|x| > 1$ 或 $x = -1$ 时 x^n 没有极限. 所以,当 $|x| < 1$ 时, $\lim\limits_{n \to \infty} s_n = s = \dfrac{1}{1 - x}$,或者

$$G(x) = 1 + x + x^2 + x^3 + \cdots = \frac{1}{1 - x}$$

是收敛的. 而当 $|x| \geq 1$ 时,级数是发散的. 当 $|x| < 1$ 时,有 $r_n = \dfrac{x^n}{1 - x}$.

2. 收敛的必要条件   若级数收敛,则通项 u_n 必随 n 的增大而趋于零,即

————————

①   "级数"一词通常理解为无穷级数. 有限项级数只是有限个加数的和,而且是无穷级数的一个特殊情形,即它是这样的一种无穷级数,从这个级数的某一个确定的项(第 N 项)以后,所有的 $u_n(n > N)$ 都等于零.

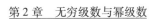

$$\lim_{n\to\infty} u_n = 0 \qquad\qquad (4)$$

因为

$$u_n = s_n - s_{n-1}$$

而

$$\lim_{n\to\infty} s_n = \lim_{n\to\infty} s_{n-1} = s$$

所以

$$\lim_{n\to\infty} u_n = s - s = 0$$

级数的项无限减小而趋于零,固然是其收敛的必要条件,但并非是充分条件.

例如,就数列 $u_n = \dfrac{1}{n}(n = 1,2,3,\cdots)$ 来说,固然有

$\lim\limits_{n\to\infty}\dfrac{1}{n} = 0$,但是

$$s_1 = 1 > \frac{1}{2}\cdot 1$$

$$s_2 = 1 + \frac{1}{2} > \frac{1}{2} + \frac{1}{2} = \frac{1}{2}\cdot 2$$

$$s_4 = s_2 + \frac{1}{3} + \frac{1}{4} > s_2 + \frac{1}{4} + \frac{1}{4} > \frac{1}{2}\cdot 3$$

$$s_8 = s_4 + \frac{1}{5} + \frac{1}{6} + \frac{1}{7} + \frac{1}{8} > s_4 + 4\cdot\frac{1}{8} > \frac{1}{2}\cdot 4$$

$$s_{16} = s_8 + \frac{1}{9} + \frac{1}{10} + \frac{1}{11} + \frac{1}{12} + \frac{1}{13} + \frac{1}{14} + \frac{1}{15} + \frac{1}{16}$$

$$> s_8 + 8\cdot\frac{1}{16} = \frac{1}{2}\cdot 5$$

一般地,$s_{2v} > \dfrac{1}{2}(v+1)$,所以 s_{2v} 随 v 而无限增大,

即级数 $1 + \dfrac{1}{2} + \dfrac{1}{3} + \dfrac{1}{4} + \cdots$ 是发散的(这个级数叫作

调和级数).

3. 要得到无穷级数收敛的必要且充分条件,首先需要明确,一个数列 $\{s_n\} = s_1, s_2, s_3, \cdots, s_n \cdots$ 叫作收敛的,是指有一个这样的数 s 存在,使得

$$\lim_{n \to \infty} s_n = s$$

这也就是说:当取定一个任意的正数 ε,就能找到这样一个号码 $v = v(\varepsilon)$,使 $n > v(\varepsilon)$ 时,有

$$|s_n - s| < \varepsilon \tag{5}$$

一般的收敛定理　数列 $\{s_n\}$ 收敛的必要且充分条件是对于每一个 $\varepsilon(\varepsilon > 0)$ 能找到这样的一个号码 $v = v(\varepsilon)$,使 $n > v(\varepsilon)$ 时,有

$$|s_{n+p} - s_n| < \varepsilon \tag{6}$$

其中 p 是一切正整数.

证明　若 $\{s_n\}$ 收敛,按式(5)有一个 s 存在,只要当 $n > v$ 时,不仅 $|s_n - s| < \dfrac{\varepsilon}{2}$,而且 $|s_{n+p} - s| < \dfrac{\varepsilon}{2}$ 也都成立,于是

$$|s_{n+p} - s_n| = |(s_{n+p} - s) - (s_n - s)|$$

$$\leqslant |s_{n+p} - s| + |s_n - s|$$

$$< \frac{\varepsilon}{2} + \frac{\varepsilon}{2} = \varepsilon$$

所以,若要数列 $\{s_n\}$ 收敛,条件(6)是必要的. 要证明它也是充分的,只需令 $m = n + p (> n)$,由式(6)有

$$s_n - \varepsilon < s_m < s_n + \varepsilon$$

取一个递减而趋于零的正数数列(零数列)$\varepsilon_1, \varepsilon_2,$ $\varepsilon_3, \cdots$,并根据式(6)取相应号码所成的数列 $v_1, v_2, \cdots$.

于是对于每一个 $m > n_\lambda > v_\lambda$，下式成立

$$s_{n_\lambda} - \varepsilon_\lambda < s_m < s_{n_\lambda} + \varepsilon_\lambda \quad (\lambda = 1, 2, \cdots)$$

再设 a_λ 是 $s_{n_1} - \varepsilon_1, s_{n_2} - \varepsilon_2, \cdots, s_{n_\lambda} - \varepsilon_\lambda$ 中最大的一个数，b_λ 是 $s_{n_1} + \varepsilon_1, s_{n_2} + \varepsilon_2, \cdots, s_{n_\lambda} + \varepsilon_\lambda$ 中最小的一个数，于是对每一个 m，只要它比 $n_1, n_2, \cdots, n_\lambda$ 诸数中的最大的还要大，我们就有

$$a_\lambda < s_m < b_\lambda \qquad (7)$$

但是

$$b_\lambda > a_\lambda, a_1 \leqslant a_2 \leqslant a_3 \leqslant \cdots$$
$$b_1 \geqslant b_2 \geqslant b_3 \geqslant \cdots$$
$$b_1 - a_1 = 2\varepsilon_1, b_2 - a_2 \leqslant 2\varepsilon_2, b_3 - a_3 \leqslant 2\varepsilon_3, \cdots$$

所以数列 $\{a_\lambda\}$ 是单调递增的，数列 $\{b_\lambda\}$ 是单调递减的，而差数 $b_\lambda - a_\lambda \leqslant 2\varepsilon_\lambda$ 可以任意小. 因此，有这样的一个共同的极限值 c 存在，使得 $a_\lambda \to c - 0, b_\lambda \to c + 0$.
由式(7)，c 也是当 m 无限增大时 s_m 的一个极限. 可是这个极限只有一个，因为所有的 s_m 都在域 $(s_n - \varepsilon, s_n + \varepsilon)$ 里面，从而每一个极限点也都在这里面，而这个域又可取任意小，因而就不能有两个不同的极限点在这样的域里面. 因此数列 $\{s_n\}$ 有一个确定的极限值 s，对于所有 $n > N, |s_n - s| < \varepsilon$ 成立，从而一般的收敛定理就证明了.

由此立刻得到：

无穷级数 $u_1 + u_2 + u_3 + \cdots$ 收敛的必要且充分条件是

$$\lim_{n \to \infty} (s_{n+p} - s_n) = 0 \qquad (8)$$

并且对所有的 $p > 0$，它一致成立.

这个条件还可写成下面的形式

$$\lim_{n\to\infty}(u_{n+1}+u_{n+2}+\cdots+u_{n+p})=0 \qquad (9)$$

对所有的 p 一致成立，或者

$$\lim_{n\to\infty}(r_n-r_{n+p})=0 \qquad (10)$$

对所有的 p 一致成立.

"一致"一词在这里是指：按照式(6)，在取极限的过程中，v 只与 s 有关而与 p 无关.

对于每一个任意定值 p，就只能得到一个必要条件，例如，对于 $p=1$，就得到上面的式(4)

$$\lim_{n\to\infty}u_{n+1}=\lim_{n\to\infty}u_n=0$$

4. 正项级数，级数的比较 设 $u_1+u_2+\cdots(u_n>0)$ 收敛，则每一个级数 $v_1+v_2+\cdots(v_n\geqslant 0)$ 也收敛，如果

$$v_n\leqslant u_n$$

成立，这时级数 $\sum u$ 叫作级数 $\sum v$ 的优级数.

证明 由 $0\leqslant v_n\leqslant u_n$，可知

$$0\leqslant t_n=v_1+v_2+\cdots+v_n\leqslant s_n=u_1+u_2+\cdots+u_n$$

但 t_n 与 s_n 都随 n 的增大而单调增大，且按收敛性的假定，s_n 趋于一个极限值 s. 于是得 $0\leqslant t_n\leqslant s_n\leqslant s$，所以 t_n 也递增地趋于一个确定的极限值 $t\leqslant s$. 就是说，级数 $\sum v$ 收敛，这就证明了定理.

5. 收敛判别法 $u_{n+1}:u_n\leqslant k<1$ 若正项级数自某一项 u_n 以后，总有 $u_{n+1}:u_n\leqslant k,0<k<1$，则级数收敛；

若 $u_{n+1}:u_n \geq 1$，则级数发散（达朗贝尔[①]收敛判别法）.

为了简单起见，设条件 $u_{n+1} \leq u_n \cdot k$ 从级数的第一项就已经满足，于是 $u_2 \leq u_1 k$，$u_3 \leq u_2 k \leq u_1 k^2$，$u_4 \leq u_3 k \leq u_1 k^3$，…. 所以级数 $u_1 + u_1 k + u_1 k^2 + u_1 k^3 + \cdots$ 是级数 $u_1 + u_2 + u_3 + u_4 + \cdots$ 的优级数. 但是前者是几何级数，当 $k < 1$ 时它收敛，所以后者也收敛. 但是如果 $u_{n+1}:u_n \geq 1$，那么 $u_{n+1} \geq u_n$，各项并不减小，由收敛的必要条件知级数发散. 上面讲的收敛判别法还可以写成

$$\lim_{n \to \infty} \frac{u_{n+1}}{u_n} < 1$$

只要这个极限是存在的. 因为这确实说明了：随 n 的增大，$u_{n+1}:u_n$ 趋于一个小于 1 的确定的极限. 然而单把 $u_{n+1}:u_n < 1$ 作为收敛判别法是不对的，例如调和级数 $\left(u_n = \dfrac{1}{n} \right)$ 就说明了这一点，这时 $u_{n+1}:u_n = n:n+1 = 1 - \dfrac{1}{n+1} < 1$，而这个级数却是发散的.

6. 收敛判别法 $\sqrt[n]{u_n} \leq k < 1$ 若正项级数 $\{u\}$ 从某一项 u_n 以后有 $\sqrt[n]{u_n} \leq k$，$0 \leq k < 1$，则级数收敛；若 $\sqrt[n]{u_n} \geq 1$，则级数发散（柯西[②]收敛判别法）.

---

① 达朗贝尔（d'Alembert，1717—1783），法国数学家、物理学家和天文学家.

② 柯西（Cauchy，1789—1857），法国数学家、物理学家和天文学家.

这个条件与 $u_n \leqslant k^n$ 或者 $u_1 \leqslant k^1, u_2 \leqslant k^2, \cdots$ 相当, 这就是说, $k + k^2 + k^3 + \cdots$ 是所给级数的优级数, 故当 $k < 1$ 时所给级数收敛. 若 $\sqrt[n]{u_n} \geqslant 1$, 则 $u_n \geqslant 1$, 即各项至少等于 1, 这与收敛的必要条件(4)不符. 这个判别法可以用 $\lim\limits_{n \to \infty} \sqrt[n]{u_n} < 1$ 来替代, 只要式中的极限存在, 但是不能用 $\sqrt[n]{u_n} < 1$ 来替代, 例如像发散级数 $1 + \left(\dfrac{1}{2}\right)^2 + \left(\dfrac{2}{3}\right)^3 + \left(\dfrac{3}{4}\right)^4 + \cdots$, 各项均不小于 $\dfrac{1}{4}$, 此外还有

$$u_n \to e^{-1} \approx 0.367\ 9$$

但 $\sqrt[n]{u_n} = \sqrt[n]{\left(\dfrac{n-1}{n}\right)^n} = 1 - \dfrac{1}{n} < 1.$

7. 例

（1）　$G_1(x) = 1 + 2x + 3x^2 + 4x^3 + \cdots$

若 $x > 0$, 则 $u_n = nx^{n-1} > 0$, 于是

$$\frac{u_{n+1}}{u_n} = \frac{(n+1)x^n}{nx^{n-1}} = \left(1 + \frac{1}{n}\right)x$$

因此 $\lim\limits_{n \to \infty}(u_{n+1} : u_n) = x$, 这就是说, 如果 x 是正的, 那么当 $0 \leqslant x < 1$ 时, $G_1(x)$ 就收敛; 当 $x \geqslant 1$ 时, 级数发散.

（2）级数

$$\frac{1}{1 \times 3} + \frac{1}{3 \times 5} + \frac{1}{5 \times 7} + \cdots$$

的通项是 $u_n = \dfrac{1}{(2n-1)(2n+1)}$, 它不能利用判别法 $u_{n+1} : u_n$ 来确定是否收敛. 因为

$$\frac{u_{n+1}}{u_n} = \frac{(2n-1)(2n+1)}{(2n+1)(2n+3)} = \frac{2n-1}{2n+3} = 1 - \frac{4}{2n+3}$$

从而 $\lim\limits_{n\to\infty}(u_{n+1}:u_n)=1$（而不是小于 1）.

虽然如此，利用第 n 个部分和可以证明级数是收敛的

$$s_n=\frac{1}{1\times 3}+\frac{1}{3\times 5}+\frac{1}{5\times 7}+\cdots+\frac{1}{(2n-1)(2n+1)}$$

$$=\frac{1}{2}\left\{\left(\frac{1}{1}-\frac{1}{3}\right)+\left(\frac{1}{3}-\frac{1}{5}\right)+\right.$$

$$\left.\left(\frac{1}{5}-\frac{1}{7}\right)+\cdots+\left(\frac{1}{2n-1}-\frac{1}{2n+1}\right)\right\}$$

$$=\frac{1}{2}\left\{1-\frac{1}{2n+1}\right\}\to\frac{1}{2}$$

所以级数收敛，而且它的和是 $\dfrac{1}{2}$. 若不先求出部分和 s_n 后再取极限，而直接对级数进行运算，就容易得出错误的结论. 例如，把级数像下面那样来处理就错了

$$\frac{1}{1\times 3}+\frac{1}{3\times 5}+\frac{1}{5\times 7}+\cdots=\left(1-\frac{2}{3}\right)+\left(\frac{2}{3}-\frac{3}{5}\right)+$$

$$\left(\frac{3}{5}-\frac{4}{7}\right)+\cdots\left(=1-\frac{2}{3}+\frac{2}{3}-\frac{3}{5}+\right.$$

$$\left.\frac{3}{5}-\frac{4}{7}+\frac{4}{7}-+\cdots=1\right)$$

但在 u_n 这样分解之后，读者如果做出分解后级数的部分和 s_n，那么也可以证明 $\lim\limits_{n\to\infty}s_n=\dfrac{1}{2}$ 而不等于 1.

（3）级数

$$\mathfrak{L}(x)=\frac{x}{1}+\frac{x^2}{2}+\frac{x^3}{3}+\cdots$$

是收敛的，只要 x 是正的，且 $0\leqslant x<1$；因为几何级数

$xG(x) = x + x^2 + x^3 + \cdots$ 是它的优级数. 当 $x = 1$ 时, 它是调和级数, 是发散的.

8. 任意项级数 线性组合可以把两个收敛级数逐项作线性组合; 这就是说, 若有收敛级数 $u_1 + u_2 + u_3 + \cdots = s$, $v_1 + v_2 + v_3 + \cdots = t$, 则 $(au_1 + bv_1) + (au_2 + bv_2) + (au_3 + bv_3) + \cdots$ 也收敛, 且它的和等于 $as + bt(a, b$ 是任意的确定数).

证明 新级数的第 n 个部分和 σ_n 等于

$$\begin{aligned} \sigma_n &= (au_1 + bv_1) + (au_2 + bv_2) + \cdots + (au_n + bv_n) \\ &= a(u_1 + u_2 + \cdots + u_n) + b(v_1 + v_2 + \cdots + v_n) \\ &= as_n + bt_n \end{aligned}$$

其中 s_n 与 t_n 是两个给定级数的第 n 个部分和. 所以

$$\begin{aligned} \lim_{n \to \infty} \sigma_n &= \lim_{n \to \infty} (as_n + bt_n) \\ &= a \lim_{n \to \infty} s_n + b \lim_{n \to \infty} t_n = as + bt \end{aligned}$$

9. 绝对收敛 任意项级数 $u_1 + u_2 + u_3 + \cdots$ 是收敛的, 若它的绝对项级数 $|u_1| + |u_2| + |u_3| + \cdots$ 收敛.

证明 作两个辅助级数 $\{a\}: a_1 + a_2 + a_3 + \cdots$ 及 $\{b\}: b_1 + b_2 + b_3 + \cdots$, 它们的通项是

$$a_n = \frac{1}{2}(|u_n| + u_n), b_n = \frac{1}{2}(|u_n| - u_n)$$

这两个级数是收敛的; 因为按照 $u_n < 0$ 或者 $u_n > 0$, 有 $a_n = 0$ 或者 $a_n = |u_n|$, $b_n = |u_n|$ 或者 $b_n = 0$, 所以关系式 $0 \leqslant a_n \leqslant |u_n|$, $0 \leqslant b_n \leqslant |u_n|$ 总是成立的. 因此收敛级数 $|u_1| + |u_2| + \cdots$ 同时是 $\{a\}$ 与 $\{b\}$ 的优级数. 但是由前文知, 两个收敛级数可以逐项相减, 从而以 $a_n - b_n = u_n$ 为通项的级数是收敛的, 这就证明了这个定理. 具有

这种性质的级数 $\{u\}$ 叫作绝对收敛的.

10. 例

（1）级数

$$E(x) = 1 + \frac{x}{1!} + \frac{x^2}{2!} + \frac{x^3}{3!} + \cdots$$

对于任意正的或负的 x 值是收敛的,即它是处处收敛的.事实上,绝对项级数

$$E(|x|) = 1 + \frac{|x|}{1!} + \frac{|x|^2}{2!} + \frac{|x|^3}{3!} + \cdots$$

对于所有的有限值 $|x|$ 是收敛的,因为

$$\lim_{n \to \infty} \frac{u_{n+1}}{u_n} = \lim_{n \to \infty} \frac{|x|}{n+1} = 0$$

（2）同样,下列诸级数均收敛

$$G(x) = 1 + x + x^2 + \cdots, \text{当} |x| < 1$$

$$G_1(x) = 1 + 2x + 3x^2 + \cdots, \text{当} |x| < 1$$

$$\mathfrak{L}(x) = \frac{x}{1} + \frac{x^2}{2} + \frac{x^3}{3} + \cdots, \text{当} |x| < 1$$

因为它们的绝对项级数当 $|x| < 1$ 时均收敛.

关于绝对收敛性定理的逆定理是不真的,也就是说,收敛级数不一定是绝对收敛的.稍后即将举例来说明.

11. 莱布尼茨[①]定理　设有各项正负相间的一个级数,若从某一项以后各项单调递减趋于零,则级数收敛(这种各项正负相间的级数叫作交错级数).

证明　就交错级数 $a_1 - a_2 + a_3 - a_4 + \cdots$ 的部分和

---

①　莱布尼茨(Leibniz,1646—1716),德国数学家.

s_{2v} 与 s_{2v+1} 来说，由于 $a_{2\lambda} > 0$，且 $a_\lambda > a_{\lambda+1}$，有

$$s_{2v} = (a_1 - a_2 + a_3 - a_4 + -\cdots - a_{2v-2}) +$$
$$(a_{2v-1} - a_{2v}) > s_{2v-2}$$
$$s_{2v+1} = (a_1 - a_2 + a_3 - a_4 + -\cdots + a_{2v-1}) -$$
$$(a_{2v} - a_{2v+1}) < s_{2v-1}$$

即 $s_2 < s_4 < s_6 < s_8 < \cdots$，及 $s_1 > s_3 > s_5 > s_7 > \cdots$，这就是说，第一个数列单调递增，而第二个数列单调递减. 但是所有的数 s_n 都在最小的数 s_2 与最大的数 s_1 之间（$s_2 < s_1$），所以数列收敛于确定的有限的极限值

$$\lim_{v \to \infty} s_{2v} = s', \lim_{v \to \infty} s_{2v+1} = s''$$

其次，$s_{2v+1} - s_{2v} = a_{2v+1}$，则按假设有 $\lim\limits_{v \to \infty} (s_{2v+1} - s_{2v}) = s'' - s' = \lim\limits_{v \to \infty} a_{2v+1} = 0$，这就是说

$$s'' = s'$$

所以，总的来说，部分和 s_n 随 n 的增大而趋于一个确定的极限 $s = s'' = s'$，即级数是收敛的.

所以，下面的级数都是收敛的

$$1 - \frac{1}{2} + \frac{1}{3} - \frac{1}{4} + \cdots (= \ln 2)$$

$$1 - \frac{1}{2} + \frac{1}{4} - \frac{1}{8} + \cdots \left(= \frac{2}{3}\right)$$

$$-\mathcal{L}(-x) = x - \frac{x^2}{2} + \frac{x^3}{3} - \frac{x^4}{4} + \cdots$$

（当 x 是正数且不超过 1 时）.

可是，以 $a_n = \dfrac{n+1}{2n}$ 为通项的级数

$$1 - \frac{3}{4} + \frac{4}{6} - \frac{5}{8} + \frac{6}{10} - \frac{7}{12} + \cdots$$

是发散的,因为 $a_n \to \dfrac{1}{2}(\neq 0)$. 上面的定理也不能应用

到级数

$$1 - \frac{1}{2} + \frac{1}{3} - \frac{1}{4} + \frac{1}{5} - \frac{1}{8} + \frac{1}{7} - \frac{1}{16} + \frac{1}{9} - \frac{1}{32} + \cdots$$

上,因为虽然 $a_n \to 0$,但并不是单调的,即 $a_{2n+1} < a_{2n}$ 不是总能成立的. 关于这一点读者可参阅 §4.

12. 级数的乘法定理　两个绝对收敛级数可以像多项式一样地相乘,这就是说,若

$$S = \sum_1^\infty U_n,\ T = \sum_1^\infty V_n$$

是两个以 U_n 与 V_n 为通项的任意项收敛级数,且绝对项级数 $\sum |U_n|$ 与 $\sum |V_n|$ 是收敛的,于是乘积级数

$\sum\limits_1^\infty W_n$ 也收敛,其通项为

$$W_n = U_1 V_n + U_2 V_{n-1} + U_3 V_{n-2} + \cdots + U_{n-1} V_2 + U_n V_1$$

并且 $W_1 + W_2 + \cdots = ST.$

证明
$$
\begin{aligned}
S_n T_n &= (U_1 + U_2 + U_3 + \cdots + U_n)(V_1 + V_2 + \\
&\quad V_3 + \cdots + V_n) \\
&= [U_1 V_1 + (U_1 V_2 + U_2 V_1) + (U_1 V_3 + \\
&\quad U_2 V_2 + U_3 V_1) + \cdots + (U_1 V_n + \\
&\quad U_2 V_{n-1} + \cdots + U_n V_1)] + \sum U_\alpha V_\beta \\
&= (W_1 + W_2 + W_3 + \cdots + W_n) + \\
&\quad \sum U_\alpha V_\beta
\end{aligned}
$$

若记 $W_1 + W_2 + \cdots + W_n = P_n$,则

$$S_n T_n - P_n = \sum U_\alpha V_\beta$$

这里 α 与 β 需满足关系式 $n+1<\alpha+\beta\leqslant 2n$.

若把两端取绝对值,令 $|U_n|=u_n$,$|V_n|=v_n$,再引入正数 $w_1=u_1v_1,w_2=u_1v_2+u_2v_1,\cdots,w_n=u_1v_n+u_2v_{n-1}+\cdots+u_{n-1}v_2+u_nv_1$,若在右端添加若干个正项后就可得到

$$|S_nT_n-P_n|\leqslant w_{n+1}+w_{n+2}+\cdots+w_{2n-1}+w_{2n}$$

记部分和为 $\sigma_n=w_1+w_2+\cdots+w_n$,则

$$|S_nT_n-P_n|\leqslant\sigma_{2n}-\sigma_n$$

但是,因为 $w_\lambda>0$,$\sigma_1,\sigma_2,\sigma_3,\cdots$ 是一个单调递增数列. 此外总有

$$(u_1+u_2+\cdots+u_n)(v_1+v_2+\cdots+v_n)$$
$$>u_1v_1+(u_1v_2+u_2v_1)+\cdots+(u_1v_n+u_2v_{n-1}+\cdots+u_nv_1)$$

所以

$$\sigma_n=w_1+w_2+\cdots+w_n$$
$$<(u_1+u_2+\cdots+u_n)(v_1+v_2+\cdots+v_n)$$

由假设,括号里的值单调递增且收敛于有限和 u 与 v,所以更有 $\sigma_n<uv$,即数列 $\sigma_1,\sigma_2,\sigma_3,\cdots$ 是有界的,于是有极限值 $\sigma=\lim\limits_{n\to\infty}\sigma_n$. 所以

$$\lim_{n\to\infty}|S_nT_n-P_n|<\lim_{n\to\infty}(\sigma_{2n}-\sigma_n)$$
$$=\lim_{n\to\infty}\sigma_{2n}-\lim_{n\to\infty}\sigma_n=\sigma-\sigma=0$$

或

$$\lim_{n\to\infty}P_n=\lim_{n\to\infty}(S_nT_n)=ST$$

例 $(1)\,G^2(x)=(1+x+x^2+\cdots)(1+x+x^2+\cdots)$
$$=1+2x+3x^2+4x^3+\cdots$$
$$=\frac{1}{(1-x)^2}=G'(x),|x|<1$$

$$(2)\, E(x) \cdot E(y) = \left(1 + \frac{x}{1!} + \frac{x^2}{2!} + \cdots\right)\left(1 + \frac{y}{1!} + \frac{y^2}{2!} + \cdots\right)$$

$$= 1 + \frac{x+y}{1!} + \frac{x^2 + 2xy + y^2}{2!} +$$

$$\frac{x^3 + 3x^2 y + 3xy^2 + y^3}{3!} + \cdots$$

$$= 1 + \frac{x+y}{1!} + \frac{(x+y)^2}{2!} + \frac{(x+y)^3}{3!} + \cdots$$

$$= E(x+y)$$

因为 $E(x)$ 处处收敛,所以对于一切 x 与 y,它满足函数方程 $E(x+y) = E(x) \cdot E(y)$,就像 a^x 一样. 由这个方程还能得到一些性质:例如, $E(x)$ 决不会等于零. 因为如果 $E(x_0) = 0$,对于任意一个 y,也就必然有 $E(x_0 + y) = E(x_0)E(y) = 0 \cdot E(y) = 0$,而这是不对的,譬如当 $y = -x_0$ 时就有 $E(x_0 - x_2) = E(0) = 1 \neq 0$.

13. 阿贝尔①收敛定理　若数列 $u_1, u_2, \cdots, u_n, \cdots$ 的部分和 s_n 有界,正数列 $a_1, a_2, a_3, \cdots$ 单调递减且趋于零,则级数

$$a_1 u_1 + a_2 u_2 + a_3 u_3 + \cdots$$

收敛.

证明　因为 $u_1 = s_1, u_2 = s_2 - s_1, \cdots, u_n = s_n - s_{n-1}$,所以 $S_n = a_1 u_1 + a_2 u_2 + \cdots + a_n u_n = a_1 s_1 + a_2(s_2 - s_1) + a_3(s_3 - s_2) + \cdots + a_n(s_n - s_{n-1}) = s_1(a_1 - a_2) + s_2(a_2 - a_3) + \cdots + s_{n-1}(a_{n-1} - a_n) + a_n s_n$,于是

$$s_1(a_1 - a_2) + s_2(a_2 - a_3) + \cdots + s_{n-1}(a_{n-1} - a_n)$$

———————

①　阿贝尔(Niels Henrik Abel,1802—1829),挪威数学家.

$$= S_n - a_n s_n$$

把上式的左端看作以 $s_n(a_n - a_{n+1})$ 为通项的级数的部分和,则它是绝对收敛的;因为由假设,$|s_n|$ 以固定的数 A 为上界且 $a_\lambda > a_{\lambda+1}$,所以

$$|s_n|(a_n - a_{n+1}) \leqslant A(a_n - a_{n+1})$$

于是

$$|s_1|(a_1 - a_2) + |s_2|(a_2 - a_3) + \cdots +$$

$$|s_{n-1}|(a_{n-1} - a_n) \leqslant A \sum_{\lambda=1}^{n-1}(a_\lambda - a_{\lambda+1})$$

$$= A(a_1 - a_n) < Aa_1$$

也是有界的. 因此 $S_n - a_n s_n$ 收敛于确定的极限 S,又因为 $a_n \to 0$,所以 $S_n \to S$,这就证明了定理.

14. **例** (1)数列 $\{u_n\}$: $+1, -1, +1, -1, \cdots$ 的部分和有界$(A = +1)$,若 $a_\lambda > a_{\lambda+1} > 0$,$a_\lambda \to 0$,则 $a_1 - a_2 + a_3 - a_4 + \cdots$ 收敛,这就是 11. 中的莱布尼茨定理.

(2)序列 $\{u_n\}$: $\sin x, \sin 2x, \sin 3x, \cdots, \sin nx, \cdots$ 的部分和是

$$s_n = \sin x + \sin 2x + \cdots + \sin nx$$

$$= \frac{\sin \dfrac{n+1}{2}x \sin \dfrac{n}{2}x}{\sin \dfrac{x}{2}}$$

(这个公式可用数学归纳法来证明). 当 $x = k\pi(k = 0, \pm 1, \pm 2, \cdots)$ 时,部分和等于零;当 $x \neq k\pi$ 时,部分和的绝对值均小于 $\dfrac{1}{\sin \dfrac{x}{2}}$,就是说,无论哪一种情形,部分和总是有界的. 因此,当正系数 a_λ 单调递减且趋于

零时,无穷傅里叶[①]级数

$$a_1 \sin x + a_2 \sin 2x + a_3 \sin 3x + \cdots$$

在一切 x 处收敛. 例如,级数 $\sin x + \dfrac{1}{3} \sin 3x + \dfrac{1}{5} \sin 5x + \cdots$

就是收敛的.

15. 附言　收敛判别法 u_{n+1}, u_n 与 $\sqrt[n]{u_n}$ 并不是等价的. 对一个收敛级数,这两种判别法可能都失效或只有其中第一个判别法失效. 前一种情形的例是以下面的级数来定义的黎曼 ζ 函数

$$\zeta(s) = 1 + \frac{1}{2^s} + \frac{1}{3^s} + \frac{1}{4^s} + \cdots, s > 1$$

对于任意的 s 有

$$\lim \frac{u_{n+1}}{u_n} = \lim \frac{n^s}{(n+1)^s}$$

又

$$\lim \sqrt[n]{u_n} = \lim \frac{1}{\sqrt[n]{n^s}} = \lim \left(\frac{1}{\sqrt[n]{n}} \right)^s = 1$$

但是如果在 $\zeta(s)$ 中把诸项的分母依次按下面的值来改小:$1;2,2;4,4,4,4;8,8,8,8,8,8,8,8;16\cdots;\cdots$那么右端增大,且

$$\zeta(s) < 1 + \frac{2}{2^s} + \frac{4}{4^s} + \frac{8}{8^s} + \cdots$$

$$= 1 + \frac{1}{2^{s-1}} + \frac{1}{4^{s-1}} + \frac{1}{8^{s-1}} + \cdots$$

---

①　傅里叶(Fourier,1768—1830),法国数学家.

$$= 1 + \frac{1}{2^{s-1}} + \left(\frac{1}{2^{s-1}}\right)^2 + \left(\frac{1}{2^{s-1}}\right)^3 + \cdots$$

$$= G\left(\frac{1}{2^{s-1}}\right)$$

因此对于使 $\frac{1}{2^{s-1}} < 1$ 成立的一切 s, $\zeta(s)$ 都收敛,即 s 应满足条件 $2^{s-1} > 1$,或 $2^s > 2$,于是 $s > 1$.

属于第二种情形的是像下面的级数

$$1 + \frac{3}{2} + \frac{1}{4} + \frac{3}{8} + \frac{1}{16} + \frac{3}{32} + \cdots + \frac{2 + (-1)^n}{2^{n-1}} + \cdots$$

它是收敛的,因为

$$\lim \sqrt[n]{u_n} = \lim \frac{\sqrt[n]{2 + (-1)^n}}{2^{1-\frac{1}{n}}} = \frac{1}{2} < 1$$

但是判别法 $\frac{u_{n+1}}{u_n}$ 失效. 因为

$$\frac{u_{n+1}}{u_n} = \frac{1}{2} \cdot \frac{2 - (-1)^n}{2 + (-1)^n}$$

$$= \frac{1}{6}\left[2 - (-1)^n\right]^2$$

$$= \frac{5 - 4(-1)^n}{6} = \frac{1}{6} \text{或} \frac{3}{2}$$

这两个数随 n 是偶数或奇数而定.

还值得注意的是这样的定理:若极限 $\lim \frac{u_{n+1}}{u_n} = l$ 存在,则 $\lim \sqrt[n]{u_n} = l$ 也存在.

这就是说,判别法 $\sqrt[n]{u_n}$ 不会单独失效,按其能判定敛散性的级数范围来讲,判别法 $\sqrt[n]{u_n}$ 要比判别法 $\frac{u_{n+1}}{u_n}$ 广.

§2　幂级数·基本定理

1. 引言　幂级数是最常遇到的且最重要的一种级数,它的形式是

$$\mathfrak{P}(x) = a_0 + a_1 x + a_2 x^2 + a_3 x^3 + \cdots$$

其中系数 $a_0, a_1, a_2, \cdots$ 是常数,而 x 是一个连续变量. 只要正确地注意收敛条件,幂级数的运算与有理整函数的运算几乎是一样的;而幂级数的第 $n+1$ 个部分和 $\mathfrak{P}_n(x) = a_0 + a_1 x + \cdots + a_n x^n$,就是一个有理整函数. 幂级数的收敛情况可以是多样的. 有的幂级数只当 x 取得一个值(例如,当 $x = 0$)时收敛,例如

$$1!\; x + 2!\; x^2 + 3!\; x^3 + 4!\; x^4 + \cdots$$

因为只有当 $x = 0$,通项 $n!\; x^n$ 的极限才等于零,这时,级数和为 $\mathfrak{P}(0) = 0$. 所有这种幂级数当 $x = 0$ 时均收敛,因为 $\mathfrak{P}(0) = \lim\limits_{n \to \infty} \mathfrak{P}_n(0) = \lim\limits_{n \to \infty} a_0 = a_0$.

2. 收敛定理　若除去 $x = 0$ 外,幂级数还在另一值 $x = \xi \neq 0$ 处收敛,则在 $-|\xi|$ 与 $+|\xi|$ 间的一切值 x 处级数也还收敛,且是绝对收敛.

证明　因为 $\mathfrak{P}(\xi) = a_0 + a_1 \xi + a_2 \xi^2 + a_3 \xi^3 + \cdots$ 收敛,从某一个确定项以后,所有项的绝对值都必小于一个确定的值 a,即

$$|a_n \xi^n| < a$$

所论级数的通项 $a_n x^n$ 的绝对值就有

$$|a_n x^n| = |a_n \xi^n| \cdot \left|\frac{x}{\xi}\right|^n < a \left|\frac{x}{\xi}\right|^n$$

（至少从某一个确定的项数 n 以后是正确的），于是，几何级数

$$a\left|\frac{x}{\xi}\right| + a\left|\frac{x}{\xi}\right|^2 + a\left|\frac{x}{\xi}\right|^3 + \cdots$$

$$= a\left|\frac{x}{\xi}\right|\left(1 + \left|\frac{x}{\xi}\right| + \cdots\right)$$

$$= a\left|\frac{x}{\xi}\right| G\left(\left|\frac{x}{\xi}\right|\right)$$

是给定级数的一个优级数，当 $\left|\frac{x}{\xi}\right| < 1$，即 $-|\xi| < x < |\xi|$ 时，这个几何级数形式的优级数是收敛的.

3. 幂级数还可能在区间 $(-|\xi|, |\xi|)$ 以外的一个值处收敛，例如在 $x = \xi_1$ 处 $(|\xi_1| > |\xi|)$，那么它当然在 ξ 与 ξ_1 间以及 $-\xi_1$ 与 $-\xi$ 间的每一个值也收敛. 若对 x 的每一个值幂级数都收敛，它就叫作是处处收敛的.

收敛半径　像上面那样逐步扩展收敛范围，使 $\mathfrak{P}(x)$ 在其内收敛的最大区间叫作收敛区间，这个收敛区间长度的一半叫作收敛半径 r（图 1）. 于是正数 r 是按下面的性质来定义的：（1）对于一切 $|x| < r$，幂级数收敛；（2）对于一切 $|x| > r$，它发散；而在 $|x| = r$ 处级数是否收敛则存疑. 所以收敛半径 r 是使幂级数收敛的一切值 $|x|$ 的上确界.

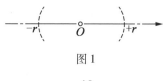

图 1

40

每一个非负的数都可能作为 r, 例如

就 $1 + 1! \ x + 2! \ x^2 + \cdots$ 来说, $r = 0$;

就 $G(x) = 1 + x + x^2 + \cdots$ 来说, $r = 1$;

就 $G\left(\dfrac{x}{a}\right) = 1 + \dfrac{x}{a} + \left(\dfrac{x}{a}\right)^2 + \cdots$ 来说, $r = a$.

而

$$E(x) = 1 + \frac{x}{1!} + \frac{x^2}{2!} + \cdots$$

处处收敛, 通常写作 $r = \infty$.

半径 r 的值可以用幂级数 $\mathfrak{P}(x)$ 的系数 a_n 来确定, 并且往往是按以下思路得到的. 我们知道幂级数收敛的充分条件是

$$\lim_{n \to \infty} \frac{u_{n+1}}{u_n} = \lim_{n \to \infty} \frac{|a_{n+1} x^{n+1}|}{a_n x^n}$$

$$= \lim_{n \to \infty} \left|\frac{a_{n+1}}{a_n}\right| \cdot |x| < 1$$

即

$$|x| < \frac{1}{\displaystyle\lim_{n \to \infty} \left|\frac{a_{n+1}}{a_n}\right|} = \lim_{n \to \infty} \left|\frac{a_n}{a_{n+1}}\right|$$

而发散的条件, 只要把收敛条件中的"＜"换成"＞"就行了; 所以, 若上式中的极限存在, 则

$$r = \lim_{n \to \infty} \left|\frac{a_n}{a_{n+1}}\right| \tag{1}$$

同样, 由

$$\lim_{n \to \infty} \sqrt[n]{u_n} = \lim_{n \to \infty} \sqrt[n]{|a_n x^n|} = \lim_{n \to \infty} \left(|x| \cdot \sqrt[n]{|a_n|}\right)$$

$$= |x| \cdot \lim_{n \to \infty} \sqrt[n]{|a_n|} < 1$$

得到

$$r = \frac{1}{\lim\limits_{n\to\infty} \sqrt[n]{|a_n|}} \qquad (2)$$

若这样的两个极限都存在,则它们是相等的(参阅 §1 末的附言).

例 对于幂级数

$$\mathfrak{L}(x) = x + \frac{x^2}{2} + \frac{x^3}{3} + \frac{x^4}{4} + \cdots$$

有 $a_n = \dfrac{1}{n}$,于是

$$\lim_{n\to\infty} \left| \frac{a_n}{a_{n+1}} \right| = \lim_{n\to\infty} \frac{n+1}{n} = 1$$

又

$$\lim_{n\to\infty} 1 : \sqrt[n]{|a_n|} = \lim_{n\to\infty} \sqrt[n]{n} = 1$$

即 $r = 1$. 因此 $\mathfrak{L}(x)$ 对于一切 $|x| < 1$ 收敛,对于 $|x| > 1$ 发散;当 $x = 1$ 时,它也发散(它是调和级数 §1,2),而 当 $x = -1$ 时,它却是收敛的(它是交错级数,§1, 11),所以整个收敛域是 $-1 \leqslant x < 1$.

若是

$$\lim_{n\to\infty} \left| \frac{a_{n+1}}{a_n} \right| = 0 \quad \text{或} \quad \lim_{n\to\infty} \sqrt[n]{|a_n|} = 0$$

幂级数就处处收敛.

4. 幂级数的导数 若幂级数的收敛半径 r 不等于 零,则在收敛区间内可以逐项微分.

更明确地说,由关系式

$$\mathfrak{P}(x) = \lim_{n\to\infty} \mathfrak{P}_n(x)$$

$$= \lim_{n \to \infty} (a_0 + a_1 x + a_2 x^2 + \cdots + a_n x^n)$$

$$|x| < r, r \neq 0$$

可以把 $\mathfrak{P}(x) = a_0 + a_1 x + a_2 x^2 + \cdots = \sum_{\lambda=0}^{\infty} a_\lambda x^\lambda$ 看作 x 的确定的单值函数. 若把级数的每一项微分,就从 $\mathfrak{P}(x)$ 得到新级数

$$\mathfrak{Q}(x) = a_1 + 2a_2 x + 3a_3 x^2 + \cdots = \sum_{\lambda=1}^{\infty} \lambda a_\lambda x^{\lambda-1}$$

这个级数 $\mathfrak{Q}(x)$ 具有下面的性质:(1)对于一切 $|x| < r$,它同样是收敛的;(2)它的和 $\mathfrak{Q}(x)$ 等于函数 $\mathfrak{P}(x)$ 的导数,即 $\mathfrak{Q}(x) = \mathfrak{P}'(x)$.

证明　由假设,像第 2 小节一样,当 $|x| < |\xi| < r$ 时,有 $|a_n \xi^n| < a$,于是 $\mathfrak{Q}(x)$ 的通项又可以改写成

$$|na_n x^{n-1}| = \frac{1}{|\xi|} |a_n \xi^n| \cdot n \left| \frac{x}{\xi} \right|^{n-1}$$

$$< \frac{a}{|\xi|} \cdot n \left| \frac{x}{\xi} \right|^{n-1}$$

于是(参阅 §1,10 及 12,例)级数 $\dfrac{a}{|\xi|} G_1 \left(\left| \dfrac{x}{\xi} \right| \right)$ 是 $\mathfrak{Q}(x)$ 的一个优级数;所以当 $|x| < |\xi| < r$ 时,$\mathfrak{Q}(x)$ 也收敛,这就证明了第一部分. 于是,幂级数

$$\mathfrak{R}(x) = 2 \cdot 1 a_2 + 3 \cdot 2 a_3 x + 4 \cdot 3 a_4 x^2 + \cdots$$

$$= \sum_{\lambda=2}^{\infty} \lambda(\lambda - 1) a_\lambda x^{\lambda-2}$$

对于一切 $|x| < r$ 也收敛,因为它是从 $\mathfrak{Q}(x)$ 得到的,就像 $\mathfrak{Q}(x)$ 是从 $\mathfrak{P}(x)$ 得到的一样.

它们的部分和是

$$\mathfrak{P}_n(x) = \sum_{\lambda=0}^{\infty} a_\lambda x^\lambda$$

$$\mathfrak{Q}_n(x) = \mathfrak{P}_n'(x) = \sum_{\lambda=1}^{\infty} \lambda a_\lambda x^{\lambda-1}$$

及

$$\mathfrak{R}_n(x) = \mathfrak{Q}_n'(x) = \sum_{\lambda=2}^{\infty} \lambda(\lambda-1) a_\lambda x^{\lambda-2}$$

像以上所讲的,只要 $|x| < r$,它们随 n 的无限增大而有有限的极限:$\mathfrak{P}(x)$,$\mathfrak{Q}(x)$ 及 $\mathfrak{R}(x)$. 所以若 $h \neq 0$ 是一个任意数,只要 $|x+h| < r$,就有

$$\lim_{n\to\infty}\left[\frac{\mathfrak{P}_n(x+h) - \mathfrak{P}_n(x)}{h} - \mathfrak{Q}_n(x)\right]$$

$$= \frac{\lim\limits_{n\to\infty}\mathfrak{P}_n(x+h) - \lim\limits_{n\to\infty}\mathfrak{P}_n(x)}{h} - \lim_{n\to\infty}\mathfrak{Q}_n(x)$$

$$= \frac{\mathfrak{P}(x+h) - \mathfrak{P}(x)}{h} - \mathfrak{Q}(x)$$

应用微分中值定理,有

$$\frac{\mathfrak{P}_n(x+h) - \mathfrak{P}_n(x)}{h} - \mathfrak{Q}_n(x)$$

$$= \mathfrak{P}_n'(x+\theta_n h) - \mathfrak{Q}_n(x)$$

$$= \mathfrak{Q}_n(x+\theta_n h) - \mathfrak{Q}_n(x)$$

$$= \theta_n h \mathfrak{Q}_n'(x+\theta_n'\theta_n h)$$

$$= \theta_n h \mathfrak{R}_n(x+\eta_n h) \quad (0 < \theta_n, \theta_n', \eta_n < 1)$$

若令 $x + \eta_n h = \xi_n$,其中 $x \leqslant \xi_n \leqslant x + h$,得

$$\frac{\mathfrak{P}_n(x+h) - \mathfrak{P}_n(x)}{h} - \mathfrak{Q}_n(x) = h\theta_n \mathfrak{R}_n(\xi_n), |\xi_n| < r$$

因为 $\theta_n < 1, |\xi_n| < |x+h|$,有

$$\left| \Re_n(\xi_n) \right| = \left| \sum_{\lambda=2}^{n} \lambda(\lambda-1) a_\lambda \xi_n^{\lambda-2} \right|$$

$$< \sum_{\lambda=2}^{n} \lambda(\lambda-1) \left| a_\lambda \right| \left| x+h \right|^{\lambda-2}$$

所以

$$\left| \frac{\mathfrak{P}_n(x+h) - \mathfrak{P}_n(x)}{h} - \mathfrak{Q}_n(x) \right|$$

$$< h \sum_{\lambda=2}^{n} \lambda(\lambda-1) \left| a_\lambda \right| \left| x+h \right|^{\lambda-2}$$

当 $n \to \infty$ 时,左端收敛于

$$\left| \frac{\mathfrak{P}(x+h) - \mathfrak{P}(x)}{h} - \mathfrak{Q}(x) \right|$$

在右端,由于 $\Re(x)$ 绝对收敛,与 h 相乘的因子趋于有限的极限,设它小于一个上界 $A(h)$,于是

$$\left| \frac{\mathfrak{P}(x+h) - \mathfrak{P}(x)}{h} - \mathfrak{Q}(x) \right| < h A(h)$$

当 $h \to 0$ 时,右端趋于零,所以

$$\lim_{h \to 0} \frac{\mathfrak{P}(x+h) - \mathfrak{P}(x)}{h} = \mathfrak{Q}(x)$$

即

$$\mathfrak{P}'(x) = \mathfrak{Q}(x)$$

由此,特别地,还得到一个结果: $\mathfrak{P}(x)$ 是连续的.

5. 幂级数的积分　幂级数可以在收敛区间内逐项积分.

更明确地说:若级数

$$\mathfrak{P}(x) = \sum_{\lambda=0}^{\infty} a_\lambda x^\lambda$$

对于 $|x| < r$ 收敛,把它的各项积分,得到新级数

$$J(x) = C + a_0 x + \frac{a_1}{2}x^2 + \frac{a_2}{3}x^3 + \cdots$$

则只要 $|x| < r$,它的部分和 $J_n(x)$ 就有极限 $J(x)$,且这个和 $J(x)$ 就是 $\mathfrak{P}(x)$ 的积分,即

$$J(x) = \int \mathfrak{P}(x)\,\mathrm{d}x + C$$

证明 新级数在收敛区间内收敛,因为,像第 2 与第 4 小节一样,有 $|a_n \xi^n| < a$,于是由级数 $J(x)$ 的通项有

$$\left| \frac{a_n}{n+1}x^{n+1} \right| = |a_n \xi^n| \cdot |\xi| \cdot \frac{1}{n+1} \left| \frac{x}{\xi} \right|^{n+1}$$

$$< a|\xi| \cdot \frac{1}{n+1}\left(\frac{x}{\xi} \right)^{n+1}$$

所以 $a|\xi| \cdot \mathfrak{L}\left(\left| \frac{x}{\xi} \right| \right)$ 是一个优级数,$J(x)$ 的收敛半径与 $\mathfrak{P}(x)$ 的相等. 于是按第 4 小节,它可以逐项微分,从而立刻得到

$$J'(x) = a_0 + a_1 x + a_2 x^2 + \cdots = \mathfrak{P}(x)$$

这就证明了定理.

例 对于级数 $\mathfrak{L}(x) = x + \frac{x^2}{2} + \frac{x^3}{3} + \frac{x^4}{4} + \cdots$ 来说,有 $r = 1$. 因此只要 $|x| < 1$,就有

$$\mathfrak{L}'(x) = 1 + x + x^2 + x^3 + \cdots = G(x) = \frac{1}{1-x}$$

再作积分,得

$$\mathfrak{L}(x) = \int \frac{\mathrm{d}x}{1-x} = -\ln(1-x) + C$$

因为 $\mathfrak{L}(0) = 0$ 对于一切 $|x| < 1$,下式成立

$$\mathcal{L}(x) = -\ln(1-x) = x + \frac{x^2}{2} + \frac{x^3}{3} + \frac{x^4}{4} + \cdots$$

当 $x = -1$ 时,这个级数仍是收敛的,它的和为 $-\ln 2$. 关于这个事实有一个特别的证法.

由 $-\mathcal{L}(-x) = \ln(1+x) = x - \frac{x^2}{2} + \frac{x^3}{3} - \frac{x^4}{4} + \cdots$

$(\,|x| < 1\,)$,再令 $1 - \frac{1}{2} + \frac{1}{3} - \frac{1}{4} + \cdots = k$,这两个级数都收敛,所以能够逐项相减

$$k - \ln(1+x) = (1-x) - \left(\frac{1-x^2}{2}\right) + \left(\frac{1-x^3}{3}\right) - \left(\frac{1-x^4}{4}\right) + \cdots$$

若只讨论 x 是正值的情形,即 $0 < x < 1$,这是交错级数,它各项的绝对值总是减小[①]而趋于零,所以

$$(1-x) - \frac{1-x^2}{2} < k - \ln(1+x) < 1-x$$

于是当 $x \to 1$ 时,有 $0 \leqslant k - \ln 2 \leqslant 0$,即 $k = \ln 2$.

　　阿贝尔曾经一般地证得:若幂级数 $\mathcal{P}(x)$ 的收敛半径是 r,当 $x = r$ 时它仍收敛,且和等于 k,则 $\lim\limits_{x \to r} \mathcal{P}(x) = k$ 也恒成立. 对于 $x = -r$ 也有相应的结果(阿贝尔极限值定理).

---

① 由 $0 < x < 1$ 得到 $0 < x^n < x^{n-1} < 1$,所以有

$$\int_x^1 x^n \mathrm{d}x = \frac{1-x^{n+1}}{n+1} < \int_x^1 x^{n-1} \mathrm{d}x = \frac{1-x^n}{n}$$

47

§3 几个重要的幂级数·泰勒级数

1. 几何级数的导级数 应用前节的定理,容易从给定的幂级数做出新的幂级数来. 如果从

$$G(x) = \frac{1}{1-x} = 1 + x + x^2 + x^3 + \cdots \quad (|x| < 1) \quad (1)$$

逐次逐项微分,就得到

$$G'(x) = \frac{1}{(1-x)^2} = 1 + 2x + 3x^2 + \cdots \quad (|x| < 1)$$

$$G''(x) = \frac{2!}{(1-x)^3}$$

$$= 2 + 3 \cdot 2x + 4 \cdot 3x^2 + 5 \cdot 4x^3 + \cdots \quad (|x| < 1)$$

等等. 它们之间有以下的关系

$$G'(x) = G_1(x) = G^2(x), G''(x) = 2! \ G^3(x)$$

一般有

$$G^{(n)}(x) = n! \ G^{n+1}(x)$$

2. $e^x, \cosh x, \sinh x$ 的级数 要算出处处收敛级数

$$E(x) = 1 + \frac{x}{1!} + \frac{x^2}{2!} + \cdots$$

的和,微分上式两端,得

$$E'(x) = 1 + \frac{x}{1!} + \frac{x^2}{2!} + \cdots = E(x) \quad (2)$$

所以,$E(x)$ 与 e^x 一样满足同一个微分方程

$$\frac{dE(x)}{E(x)} = dx$$

于是有 $\ln E(x) = x + C$ 或 $E(x) = Ce^x$；又因为 $E(0) = 1$，所以 $C = 1$，乃得

$$e^x = \exp x = 1 + \frac{x}{1!} + \frac{x^2}{2!} + \frac{x^3}{3!} + \cdots \quad (|x| < \infty)^①$$

(3)

当 $x = 1$ 时，就得到计算 e 的收敛很快的级数，可以算得

$$e = 1 + \frac{1}{1!} + \frac{1}{2!} + \frac{1}{3!} + \cdots = 2.718\ 281\ 828\ 459\ 045\cdots$$

由式(3)及

$$e^{-x} = 1 - \frac{x}{1!} + \frac{x^2}{2!} - \frac{x^3}{3!} + \cdots$$

相加及相减，得($|x| < \infty$)

$$\frac{e^x + e^{-x}}{2} = \cosh x = 1 + \frac{x^2}{2!} + \frac{x^4}{4!} + \frac{x^6}{6!} + \cdots \tag{4}$$

$$\frac{e^x - e^{-x}}{2} = \sinh x = \frac{x}{1!} + \frac{x^3}{3!} + \frac{x^5}{5!} + \cdots \tag{5}$$

3. 对数级数　由

$$\left.\begin{array}{l} -\ln(1-x) = x + \dfrac{x^2}{2} + \dfrac{x^3}{3} + \cdots \quad (|x| < 1) \\[3mm] \ln(1+x) = x - \dfrac{x^2}{2} + \dfrac{x^3}{3} - \cdots \quad (|x| < 1) \end{array}\right\} \tag{6}$$

相加得

$$\ln\sqrt{\frac{1+x}{1-x}} = x + \frac{x^3}{3} + \frac{x^5}{5} + \cdots \quad (|x| < 1) \tag{7}$$

---

①　这就是说，级数是处处收敛的. 若指数是一个复杂的式子，用记号 $\exp x$ 比较方便.

这个级数很宜于用来计算一个数的对数. 若设 $x = \dfrac{u - v}{u + v}$,则 $\dfrac{1 + x}{1 - x} = \dfrac{u}{v}$,其中 u 与 v 是任意两个正数,于是

$$\ln u - \ln v = 2\left[\frac{u - v}{u + v} + \frac{1}{3}\left(\frac{u - v}{u + v}\right)^3 + \frac{1}{5}\left(\frac{u - v}{u + v}\right)^5 + \cdots\right]$$

$$(8)$$

例如,令 $u = 2, v = 1$,则 2 的对数就表成级数

$$\ln 2 = 2\left(\frac{1}{3} + \frac{1}{3 \cdot 3^3} + \frac{1}{5 \cdot 3^5} + \frac{1}{7 \cdot 3^7} + \cdots\right)$$

与以前得到的 $1 - \dfrac{1}{2} + \dfrac{1}{3} - \cdots$ 相比较,这个级数的收敛速度确实要快得多. 适当组合各个对数级数,容易得到 2 以后的一些质数 $3, 5, 7, 11, \cdots$ 的对数,从而把复合整数的以及所有有理数的对数表示成收敛速度很快的级数并算出它们的值.

4. arctan x 及 π 的级数   几何级数

$$G(-x^2) = 1 : (1 + x^2) = 1 - x^2 + x^4 - x^6 + \cdots \quad (|x| < 1)$$

在 0 与 x 之间作积分,立刻得到

$$\arctan x = \frac{x}{1} - \frac{x^3}{3} + \frac{x^5}{5} - \frac{x^7}{7} + \cdots \quad (|x| < 1) \quad (9)$$

(莱布尼茨). 这个级数是把 π 表示为级数的最重要的出发点. 例如,设 $x = \dfrac{1}{\sqrt{3}} < 1$,则 $\arctan \dfrac{1}{\sqrt{3}} = 30° = \dfrac{\pi}{6}$,得

$$\pi = 2\sqrt{3}\left(1 - \frac{1}{3 \cdot 3} + \frac{1}{5 \cdot 3^2} - \frac{1}{7 \cdot 3^3} + \cdots\right)$$

适当组合几个反正切级数,可得到收敛速度更快的计算 π 的表达式. 若在 arctan x 的级数中令 $x = 1$,就得到

（按莱布尼茨定理）收敛级数

$$\frac{\pi}{4} = 1 - \frac{1}{3} + \frac{1}{5} - \frac{1}{7} + \frac{1}{9} - \cdots \qquad (10)$$

关于它的和等于 $\arctan 1 = \frac{\pi}{4}$ 这一事实并不是当然的，而是需要加以证明的，证明的思路是与 $\ln 2$ 的证明相类似的.

注　数 π 已有两千多年的历史，算出它的数值的问题只有用微积分才能得到解决. 在中国，虽然在五世纪祖冲之即已算出 $\pi = 3.141\ 592\ 6$，但是在欧洲，直到微积分发明以前，从数学上至多只能肯定知道小数点后一位或两位；现在已有准确算到小数点后 707 位的 π 值，当然这完全是多余的精确. 用准确到小数点后 20 位的 π 值已足够用来测算地球公转轨道（看作直径约为 3 亿公里的圆）的长度，而使误差小于 1 mm 的百万分之一.

解决 π 在数论中的性质问题，比算出 π 的数值难得多. 这与著名的"化圆为方"问题有密切关系. 林德曼[①]在 1882 年才最后解决了这个问题. 在这之前不久，埃尔米特[②]证明了数 $e = 2.718\ 28\cdots$ 不能是一个以有理数为系数的代数方程的根，换句话说，e 是一个超越数. 林德曼根据关系式 $e^{2\pi i} = 1$ 相应地证明了 π 也是超越数. 从而容易证明，仅仅使用直尺与圆规，按初等几何的意义——就是说，作图的步骤限于作有限多个通

---

①　林德曼（Lindemann，1852—1939），德国数学家.

②　埃尔米特（Oh. Hermite，1822—1901），法国数学家.

过定点的直线与有限多个以定点为中心的圆——不可能作出一个正方形,使它与给定的圆有相同的面积. 所以,化圆为方的问题是不可解的. 当然,另外再增加作图工具,即引入直线与圆以外的其他曲线,这样的作图还是可能的.

数 π 还有许多近似作图法;例如,许配西特[①]给出一种很精密的方法,用初等几何所能作出的

$$\left(\frac{1}{4}+\frac{1}{100}\right)\sqrt{5^2+11^2} \approx 3.141\ 591\ 9\ (图\ 1),$$

便可代替 π.

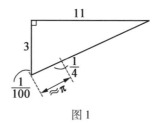

图 1

5. 泰勒级数 若函数 $f(x)$ 可展成一个收敛半径异于 0 的幂级数,且它的和就是 $f(x)$(当 $|x| < r$ 时),则它只有一个展式,即泰勒级数[②]

$$f(x) = f(0) + \frac{f'(0)}{1!}x + \frac{f''(0)}{2!}x^2 + \cdots \quad (|x| < r) \tag{11}$$

证明 若 $f(x)$ 可以表示为幂级数

---

① 许配西特(J. Specht).

② 泰勒级数也常叫麦克劳林(MacLaurin,1742)级数,首先发现这个级数的是莱布尼茨(1678).

$$f(x) = a_0 + a_1 x + a_2 x^2 + \cdots \quad (\ |x| < r, r \neq 0)$$

则在收敛区间内总可以逐项微分任意次

$$f'(x) = 1a_1 + 2a_2 x + 3a_3 x^2 + \cdots$$

$$f''(x) = 2! \ a_2 + 3 \cdot 2a_3 x + \cdots$$

$$f'''(x) = 3! \ a_3 + \cdots$$

令 $x = 0$,就得到 $f(0) = a_0$ 及 $f^{(\lambda)}(0) = \lambda! \ a_\lambda (\lambda = 1,$
$2, 3, \cdots)$,或

$$a_\lambda = \frac{f^{(\lambda)}(0)}{\lambda!} \quad (\lambda = 1, 2, 3, \cdots)$$

这就证明了命题.

 函数 $f(x)$ 在 $x = 0$ 处有限且具有任意阶有限导数,是它能展为泰勒级数的必要条件(虽然还不是充分条件).例如 $f(x) = \dfrac{1}{x}$ 或 $\ln x$ 或 $\sqrt{x}$,它们本身或其导数在 $x = 0$ 处不存在,所以它们就不能展为 x 的幂级数.

 但是,即使 $f(x)$ 在 $x = 0$ 处有任意阶导数,它的泰勒级数还不一定收敛,即使收敛,它的和也不一定等于 $f(x)$. $f(x) = e^{-\frac{1}{x^2}}$ 就是这样一个例(图2),它的泰勒级数的和总等于 0. 这一事实读者可自己来证明.

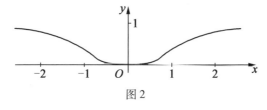

图 2

 所以,当做出函数 $f(x)$ 的泰勒级数以后,还必须要证明它的和确实等于 $f(x)$.

6. 例. 二项式级数 设 $f(x) = (1+x)^\mu$,其中 μ 是一个任意实数,则有

$$f^{(\lambda)}(x) = \mu(\mu-1)(\mu-2)\cdots(\mu-\lambda+1)(1+x)^{\mu-\lambda}$$

所以

$$a_\lambda = \frac{f^{(\lambda)}(0)}{\lambda!} = \frac{\mu(\mu-1)(\mu-2)\cdots(\mu-\lambda+1)}{1\cdot2\cdot3\cdot\cdots\cdot\lambda} = \binom{\mu}{\lambda}$$

其中 $\binom{\mu}{\lambda}$ 从形式上来看就像 μ 是正整数时的二项式系数. 这时的泰勒级数是

$$1 + \binom{\mu}{1}x + \binom{\mu}{2}x^2 + \binom{\mu}{3}x^3 + \cdots = \sum_{\lambda=0}^{\infty}\binom{\mu}{\lambda}x^\lambda$$

它的收敛半径是

$$r = \lim_{n\to\infty}\left|\frac{a_n}{a_{n+1}}\right| = \lim_{n\to\infty}\left|\binom{\mu}{n}:\binom{\mu}{n+1}\right|$$

$$= \lim_{n\to\infty}\left|\frac{n+1}{\mu-n}\right| = \lim_{n\to\infty}\left|\frac{1+\dfrac{1}{n}}{\dfrac{\mu}{n}-1}\right|$$

$$= |-1| = 1$$

所以当 $|x| < 1$ 时,级数收敛. 现在要来确定它的和 $\mathfrak{P}(x)$. 微分两端得到

$$\mathfrak{P}'(x) = \binom{\mu}{1} + 2\binom{\mu}{2}x + 3\binom{\mu}{3}x^2 + \cdots = \sum_{\lambda=0}^{\infty}\lambda\binom{\mu}{\lambda}x^{\lambda-1}$$

所以

$$(1+x)\mathfrak{P}'(x) = \binom{\mu}{1} + \left[2\binom{\mu}{2} + \binom{\mu}{1}\right]x +$$

54

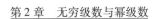

$$\left[3 \binom{\mu}{3} + 2 \binom{\mu}{2} \right] x^2 + \cdots$$

$$= \sum_{\lambda=0}^{\infty} \left[(\lambda+1) \binom{\mu}{\lambda+1} + \lambda \binom{\mu}{\lambda} \right] x^{\lambda}$$

由于 x^{λ} 的系数等于

$$(\lambda+1)\binom{\mu}{\lambda+1} + \lambda\binom{\mu}{\lambda} = (\lambda+1)\binom{\mu}{\lambda}\frac{\mu-\lambda}{\lambda+1} + \lambda\binom{\mu}{\lambda}$$

$$= \mu\binom{\mu}{\lambda}$$

所以

$$(1+x)\,\mathfrak{P}'(x) = \sum_{\lambda=0}^{\infty} \mu\binom{\mu}{\lambda} x^{\lambda} = \mu\,\mathfrak{P}(x) \quad (\,|\,x\,| < 1)$$

即 $\mathfrak{P}(x)$ 满足微分方程 $(1+x)\,\mathfrak{P}'(x) = \mu\,\mathfrak{P}(x)$,或

$$\frac{\mathrm{d}\,\mathfrak{P}(x)}{\mathfrak{P}(x)} = \mu\,\frac{\mathrm{d}x}{1+x}$$

从 0 到 x 积分,得到 $\mathfrak{P}(x) = (1+x)^{\mu} = f(x)$,所以确实
有泰勒级数展式

$$(1+x)^{\mu} = 1 + \binom{\mu}{1}x + \binom{\mu}{2}x^2 + \binom{\mu}{3}x^3 + \cdots \quad (\,|x| < 1)$$

$$(12)$$

这个级数叫作二项式级数. 当 μ 是正整数时,它就变为
二项式定理,因为当 $\lambda > \mu$ 时 $\binom{\mu}{\lambda} = 0$,于是二项式定理
是二项式级数的特殊情形. 若 $\mu = -1$,二项式级数就
变为几何级数.

7. 反正弦级数 当 $\mu = -\dfrac{1}{2}$ 及 $|x| < 1$ 时，就有

$$(1+x)^{-\frac{1}{2}} = \frac{1}{\sqrt{1+x}} = 1 - \frac{1}{2}x + \frac{1 \cdot 3}{2 \cdot 4}x^2 - \frac{1 \cdot 3 \cdot 5}{2 \cdot 4 \cdot 6}x^3 + \cdots$$

若用 $-x^2$ 换置 x，得到

$$\frac{1}{\sqrt{1-x^2}} = 1 + \frac{1}{2}x^2 + \frac{1 \cdot 3}{2 \cdot 4}x^4 + \frac{1 \cdot 3 \cdot 5}{2 \cdot 4 \cdot 6}x^6 + \cdots \quad (|x| < 1)$$

从而在 0 与 x 之间作积分就得到

$$\arcsin x = x + \frac{1}{2} \cdot \frac{x^3}{3} + \frac{1 \cdot 3}{2 \cdot 4} \cdot \frac{x^5}{5} + \cdots \quad (|x| < 1)$$

$$(13)$$

特别地，当 $x = 1 : \sqrt{2}$ 时，就得到

$$\pi = 2\sqrt{2}\left(1 + \frac{1}{2} \cdot \frac{1}{3 \cdot 2^1} + \frac{1 \cdot 3}{2 \cdot 4} \cdot \frac{1}{5 \cdot 2^2} + \right.$$

$$\left. \frac{1 \cdot 3 \cdot 5}{2 \cdot 4 \cdot 6} \cdot \frac{1}{7 \cdot 2^3} + \cdots\right)$$

这是一个可直接用来计算 π 值的级数.

8. 泰勒公式与泰勒级数之间的关系 在区间 (a, b) 内对于具有 n 阶导数的函数 $f(x)$ 来说，有公式

$$f(x) = f(0) + \frac{f'(0)}{1!} + \frac{f''(0)}{2!}x^2 + \cdots + \frac{f^{n-1}(0)}{(n-1)!}x^{n-1} + R_n$$

其中

$$R_n = \frac{f^{(n)}(\xi)}{n!}x^n \quad (0 \leqslant \xi \leqslant x)$$

且 0 与 x 在区间 (a, b) 上.

若余项 R_n 随 x 的增大而趋于 0，就得到一个收敛的且和为 $f(x)$ 的级数，即泰勒级数. 由此立刻得到函数与其泰勒级数在收敛区间上相等的必要且充分条

件是

$$\lim_{n \to \infty} R_n = 0$$

例如,若给定函数的导数从某一阶以后有界,即 $|f^{(n)}(x)| \leqslant A$,其中 A 是一个确定的正数,则当 $n \to \infty$ 时,有

$$|R_n| = \left| \frac{f^{(n)}(\xi)}{n!} x^n \right| \leqslant A \left| \frac{x^n}{n!} \right| \to 0$$

就是说,像这样的函数 $f(x)$ 就与它的泰勒级数在收敛区间上相等.

例 1 对于 $f(x) = \sin x$,有 $f'(x) = \cos x$,$f''(x) = -\sin x$,…,即总有 $|f^{(n)}(x)| \leqslant 1$,所以得($|x| < \infty$)

$$\begin{cases} \sin x = x - \dfrac{x^3}{3!} + \dfrac{x^5}{5!} - \cdots & (14) \\[2mm] \cos x = 1 - \dfrac{x^2}{2!} + \dfrac{x^4}{4!} - \cdots & (15) \end{cases}$$

应用这些级数来计算函数值时,不要忘记,x 是以弧为单位的角度.

例 2 从泰勒公式的别的形式,当其中的余项 $\lim_{n \to \infty} R_n = 0$ 时,还可得到以下各级数

$$f(x) = f(a) + \frac{f'(a)}{1!}(x-a) + \frac{f''(a)}{2!}(x-a)^2 + \cdots \tag{16}$$

$$f(x+h) = f(x) + \frac{f'(x)}{1!}h + \frac{f''(x)}{2!}h^2 + \cdots \tag{17}$$

$$\Delta y = \frac{\mathrm{d}y}{1!} + \frac{\mathrm{d}^2 y}{2!} + \frac{\mathrm{d}^3 y}{3!} + \cdots \tag{18}$$

例如,应用第一个公式可以得到

$$\ln x = \frac{x-1}{1} - \frac{(x-1)^2}{2} + \frac{(x-1)^3}{3} - \cdots \quad (0 < x \leqslant 2)$$

$$(19)$$

又利用级数(18)可以从函数 y 的高阶微分来计算函数的增量 Δy，从而达到所希望的精确度.

9. 待定系数法 一个函数 $f(x)$ 若能展为幂级数，则它的幂级数只能有一种展开形式，根据这一情况，我们就有理由在一开始便用系数待定的级数来表示 $f(x) = a_0 + a_1 x + a_2 x^2 + \cdots$. 这些系数常常可以不用泰勒级数展开法而用别的方法来确定. 例如，要把函数 $\tan x$ 按 x 的乘幂展开，则在这种展开是可能的假定下，可设

$$\tan x = a_1 x + a_3 x^3 + a_5 x^5 + \cdots \quad (|x| < r)$$

在所设这一展开形式中，我们已考虑到 $\tan x$ 是个奇函数，所以只取奇次幂. a_λ 可以由关系式 $\tan x \cdot \cos x = \sin x$ 来确定，或者，在式中代入这些函数的幂级数后，a_λ 可由下面的关系式来确定

$$\left(a_1 x + a_3 x^3 + a_5 x^5 + \cdots \right) \left(1 - \frac{x^2}{2!} + \frac{x^4}{4!} - \cdots \right)$$

$$= \left(\frac{x}{1!} - \frac{x^3}{3!} + \frac{x^5}{5!} - \cdots \right)$$

由于级数展开式是唯一的，故若比较两端 x 的同次幂的系数，它们必须相等. 这就得到

$$a_1 \cdot 1 = \frac{1}{1!}, \quad a_3 \cdot 1 - \frac{a_1}{2!} = -\frac{1}{3!}, \quad a_5 \cdot 1 - \frac{a_3}{2} + \frac{a_1}{4!} = \frac{1}{5!}, \cdots$$

所以 $a_1 = 1, a_3 = \frac{1}{3}, a_5 = \frac{2}{15}, \cdots$，即有

$$\tan x = x + \frac{x^3}{3} + \frac{2}{15}x^5 + \cdots \qquad (20)$$

并且我们可以证明,这个关系式当 $|x| < \dfrac{\pi}{2}$ 时成立. 事实上,在这个级数所表示的那个函数的不连续点处,该幂级数确实不再收敛了.

10. $x\cot x$ **级数**　函数 $\cot x$ 不能按 x 的乘幂展开为级数,因为在 $x = 0$ 处 $\cot x$ 不连续. 但偶函数 $x\cot x$ 是可以这样展开的. 设

$$x\cot x = a_0 - a_2 x^2 + a_4 x^4 - \cdots \quad (|x| < r)$$

由关系式 $x\cot x \sin x = x\cos x$,或

$$\left(a_0 - a_2 x^2 + a_4 x^4 - \cdots \right)\left(\frac{x}{1!} - \frac{x^3}{3!} + \cdots \right)$$

$$= x - \frac{x^3}{2!} + \frac{x^5}{4!} - \cdots$$

就有

$$\frac{a_0}{1!} = 1, \frac{a_2}{1!} + \frac{a_0}{3!} = \frac{1}{2!}, \cdots, \frac{a_4}{1!} + \frac{a_2}{3!} + \frac{a_0}{5!} = \frac{1}{4!}, \cdots$$

于是

$$a_0 = 1, a_2 = \frac{1}{3}, a_4 = -\frac{1}{45}, a_6 = \frac{2}{945}, \cdots$$

所以

$$x\cot x = 1 - \frac{1}{3}x^2 - \frac{1}{45}x^4 - \frac{2}{945}x^6 - \cdots \qquad (21)$$

并且当 $|x| < \pi$ 时成立.

11. **前述级数公式汇点**

$$(1 + x)^{\mu} = 1 + \binom{\mu}{1}x + \binom{\mu}{2}x^2 + \cdots \qquad (|x| < 1)$$

$$\frac{1}{1+x} = 1 - x + x^2 - x^3 + \cdots \qquad (|x| < 1)$$

$$\sqrt{1+x} = 1 + \frac{1}{2}x - \frac{1}{2 \cdot 4}x^2 + \frac{1 \cdot 3}{2 \cdot 4 \cdot 6}x^3 -$$

$$\frac{1 \cdot 3 \cdot 5}{2 \cdot 4 \cdot 6 \cdot 8}x^4 + \cdots \qquad (|x| < 1)$$

$$\frac{1}{\sqrt{1+x}} = 1 - \frac{1}{2}x + \frac{1 \cdot 3}{2 \cdot 4}x^2 - \frac{1 \cdot 3 \cdot 5}{2 \cdot 4 \cdot 6}x^3 + \cdots$$

$$(|x| < 1)$$

$$\sqrt[3]{1+x} = 1 + \frac{1}{3}x - \frac{1 \cdot 2}{3 \cdot 6}x^2 + \frac{1 \cdot 2 \cdot 5}{3 \cdot 6 \cdot 9}x^3 -$$

$$\frac{1 \cdot 2 \cdot 5 \cdot 8}{3 \cdot 6 \cdot 9 \cdot 12}x^4 + \cdots \qquad (|x| < 1)$$

$$\frac{1}{\sqrt[3]{1+x}} = 1 - \frac{1}{3}x + \frac{1 \cdot 4}{3 \cdot 6}x^2 - \frac{1 \cdot 4 \cdot 7}{3 \cdot 6 \cdot 9}x^3 +$$

$$\frac{1 \cdot 4 \cdot 7 \cdot 10}{3 \cdot 6 \cdot 9 \cdot 12}x^4 - \cdots \qquad (|x| < 1)$$

$$e^x = \exp x = 1 + \frac{x}{1!} + \frac{x^2}{2!} + \frac{x^3}{3!} + \cdots \qquad (|x| < \infty)$$

$$a^x = \exp(x \ln a) = 1 + \frac{x \ln a}{1!} + \frac{x^2 \ln^2 a}{2!} + \cdots$$

$$(|x| < \infty, a > 0)$$

$$\ln(1+x) = x - \frac{x^2}{2} + \frac{x^3}{3} - \cdots \qquad (-1 < x \leqslant 1)$$

$$\ln \sqrt{\frac{1+x}{1-x}} = x + \frac{x^3}{3} + \frac{x^5}{5} + \cdots \qquad (|x| < 1)$$

$$\ln x = \frac{x-1}{1} - \frac{(x-1)^2}{2} + \cdots \qquad (0 < x \leqslant 2)$$

$$\sin x = x - \frac{x^3}{3!} + \frac{x^5}{5!} - \cdots \qquad (|x| < \infty)$$

$$\cos x = 1 - \frac{x^2}{2!} + \frac{x^4}{4!} - \cdots \qquad (|x| < \infty)$$

$$\arcsin x = x + \frac{1}{2} \cdot \frac{x^3}{3} + \frac{1 \cdot 3}{2 \cdot 4} \cdot \frac{x^5}{5} +$$

$$\frac{1 \cdot 3 \cdot 5}{2 \cdot 4 \cdot 6} \cdot \frac{x^7}{7} + \cdots \qquad (|x| < 1)$$

$$\arctan x = x - \frac{x^3}{3} + \frac{x^5}{5} - \cdots \qquad (|x| \leq 1)$$

$$\cosh x = 1 + \frac{x^2}{2!} + \frac{x^4}{4!} + \cdots \qquad (|x| < \infty)$$

$$\sinh x = x + \frac{x^3}{3!} + \frac{x^5}{5!} + \cdots \qquad (|x| < \infty)$$

$$\tan x = x + \frac{1}{3}x^3 + \frac{2}{15}x^5 + \cdots \qquad \left(|x| < \frac{1}{2}\pi\right)$$

$$\cot x = \frac{1}{x} - \frac{1}{3}x - \frac{1}{45}x^3 - \frac{2}{945}x^5 - \cdots \quad (0 < |x| < \pi)$$

§4 §1 至 §3 的练习题

1. 试把以弦为 $2l$，矢高为 h 的圆弧段的长按 $\dfrac{h}{l}$ 展开为幂级数.

解 圆弧的长

$$b = 2l\left(\frac{l}{h} + \frac{h}{l}\right)\arctan\left(\frac{h}{l}\right)$$

$$= 2l\left(1 + \frac{2}{3}\left(\frac{h}{l}\right)^2 - \frac{2}{15}\left(\frac{h}{l}\right)^4 + \frac{2}{35}\left(\frac{h}{l}\right)^6 - \cdots\right)$$

2. 设 $\mathfrak{P}(x) = a_0 + a_1 x + a_2 x^2 + \cdots$

$$\mathfrak{Q}(x) = b_0 + b_1 x + b_2 x^2 + \cdots$$

当 $|x| < r$ 时收敛, 其中 $r \leqslant 1$. 问下列诸式的幂级数如何?

$(1)\,\mathfrak{P}(x):(1-x)$; $(2)\,\mathfrak{P}^2(x)$; $(3)\,\mathfrak{P}(x)\mathfrak{Q}(x)$.

解 $(1)\,\mathfrak{P}(x):(1-x) = a_0 + (a_0 + a_1)x + (a_0 + a_1 + a_2)x^2 + \cdots$;

$(2)\,\mathfrak{P}^2(x) = a_0^2 + 2a_0 a_1 x + (2a_0 a_2 + a_1^2)x^2 + (2a_0 a_3 + 2a_1 a_2)x^3 + (2a_0 a_4 + 2a_1 a_3 + a_2^2)x^4 + \cdots$;

$(3)\,\mathfrak{P}(x)\mathfrak{Q}(x) = a_0 b_0 + (a_0 b_1 + a_1 b_0)x + (a_0 b_2 + a_1 b_1 + a_2 b_0)x^2 + \cdots$.

3. $\dfrac{1}{1 \cdot 4} + \dfrac{1}{4 \cdot 7} + \dfrac{1}{7 \cdot 10} + \dfrac{1}{10 \cdot 13} + \cdots + \dfrac{1}{(3n+1)(3n+4)} + \cdots = ?$

解 当 $n \to \infty$, $s_n = \dfrac{1}{3}\left(1 - \dfrac{1}{3n+4}\right) \to \dfrac{1}{3}$.

4. 试求级数 $\displaystyle\sum_{n=1}^{\infty} \dfrac{x^n}{n(n+1)}$ 的收敛半径 r 及级数和 $f(x)$.

解 $r = 1$; 由

$$x^2 f'(x) = \sum_{n=1}^{\infty} \frac{x^{n+1}}{n+1} = -\ln(1-x) - x$$

所以

$$f(x) = -\int_1^x \frac{\ln(1-x)}{x^2}\mathrm{d}x - \int_1^x \frac{\mathrm{d}x}{x}$$

$$= \frac{1-x}{x}\ln(1-x) + 1$$

5. 同上题:级数为 $f(x) = \sum\limits_{n=1}^{\infty} \dfrac{x^n}{n(n+1)(n+2)}$.

解　$r = 1; x^2 f(x) = -\dfrac{1}{2}(1-x)^2 \ln(1-x) -$
$\dfrac{1}{2}x + \dfrac{3}{4}x^2.$

6. 试证 π 的级数
$$\frac{\pi}{2} = 1 + \frac{1}{2 \cdot 3} + \frac{1 \cdot 3}{2 \cdot 4 \cdot 5} + \frac{1 \cdot 3 \cdot 5}{2 \cdot 4 \cdot 6 \cdot 7} + \cdots$$

7. 试求高斯[①]超几何级数
$$F(\alpha,\beta,\gamma,x) = 1 + \frac{\alpha\beta}{1!\ \gamma}x + \frac{\alpha(\alpha+1)\beta(\beta+1)}{2!\ \gamma(\gamma+1)}x^2 +$$
$$\frac{\alpha(\alpha+1)(\alpha+2)\beta(\beta+1)(\beta+2)}{3!\ \gamma(\gamma+1)(\gamma+2)}x^3 + \cdots$$

的收敛半径 r.

解　$r = 1.$

8. 活塞曲柄头到飞轮圆心的距离(图1)为
$$x = l(\lambda\cos\theta + \sqrt{1 - \lambda^2\sin^2\theta})$$
试证:当 $\lambda = r : l$ 足够小时,有
$$x \approx l\left(1 - \frac{1}{4}\lambda^2 + \lambda\cos\theta + \frac{1}{4}\lambda^2\cos 2\theta\right)$$

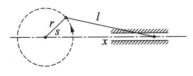

图 1

---

① 高斯(Gauss,1777—1855),德国数学家、物理学家、
天文学家和大地测量学家.

解 由于 $\lambda^2 \sin^2\theta \leqslant \lambda^2 < 1$, 根式可以按 $\lambda^2 \sin^2\theta$ 的乘幂展开成二项式级数. 取两项就得到上面的结果, 它的误差小于 $\dfrac{1}{8}\lambda^2$. 像蒸汽机车, $\lambda \leqslant \dfrac{1}{5}$, 所以误差小于 0.000 2.

9. 就带有标尺与观测镜的读数镜来说, 镜子的旋转角 φ(即半偏角, 以度来度量) 近似的与尺上读数 x 成正比: $\varphi \approx Cx$, 其中 C 是常数. 当角度较大时, 问如何加以改正? 若要使这个近似公式的精确度可以达到 1%, 镜子的旋转角至多是多少度?

解 改正量 $K \approx \dfrac{-1}{3}\left(\dfrac{\pi}{90}\right)(\varphi)^3 = -0.000\ 406(\varphi)^3$.

由 $|K| \leqslant 0.01\varphi$, 得 $\varphi \leqslant 9\sqrt{3}/\pi \approx 5°$.

§5 无穷级数的补充定理·一致收敛

1. 无条件收敛 若将一个级数的项的次序改变, 其和不变, 这个级数就叫作无条件收敛的, 否则叫作条件收敛的.

把级数中有限多个项的次序改变, 收敛性是不会改变的. 但是把无穷多个项的次序改变了, 级数和显然是有可能改变的, 因为"和"只是"部分和的极限", 而在无穷多个项的次序改变后, 部分和改变了.

定理 正项收敛级数是无条件收敛的.

证明 设 $u_n \geqslant 0$ 及 $\{u\} \equiv u_1 + u_2 + \cdots$ 收敛且和等

于 s. 把项 u_n 的次序任意改变后,得到一个新的级数

$$\{u'\} = u_1' + u_2' + u_3' + \cdots$$

这个级数包含 $\{u\}$ 的一切项且没有别的项. 于是就 $\{u'\}$ 的第 m 个部分和 $s_m' = u_1' + u_2' + \cdots + u_m'$ 来说,可以在 $\{u\}$ 中找到一个部分和 $s_n = u_1 + u_2 + \cdots + u_n$,使得 s_m' 里的一切项都包含在 s_n 里,这只要选取 n 足够大就能做到. 因此无论 m 如何大,关系式 $0 < s_m' \leqslant s_n$ 总是成立的,而又因为 $s > s_n$,乃有 $0 \leqslant s_m' < s$. 所以部分和 s_m' 是有界的:因为它还是单调递增的,它就有一个有限的极限 $\lim\limits_{m \to \infty} s_m' = s'$,并且 $0 \leqslant s' \leqslant s$. 所以级数 $\{u'\}$ 收敛. 今若把给定的级数 $\{u\}$ 看作把新级数 $\{u'\}$ 的项的次序改变后而得到的,那么由于 $\{u'\}$ 是收敛的,便又可用上面那样的论证得到 $0 \leqslant s \leqslant s'$. 这两个不等式只有当 $s = s'$ 时才成立. 这就证明了定理.

2. 定理　绝对收敛级数也是无条件收敛的.

证明　若级数 $\{u\} \equiv u_1 + u_2 + \cdots = u$ 绝对收敛,则级数 $|u_1| + |u_2| + \cdots$ 也收敛,于是级数 $\{v\} \equiv v_1 + v_2 + \cdots = v$ 及 $\{w\} \equiv w_1 + w_2 + \cdots = w$ 也都收敛,其中

$$v_n = \frac{1}{2}(|u_n| + u_n) \leqslant |u_n|, \quad w_n = \frac{1}{2}(|u_n| - u_n) \leqslant |u_n|.$$

因为 $v_n \geqslant 0, w_n \geqslant 0$,所以由第 1 小节知,级数 $\{v\}$ 与 $\{w\}$ 也是无条件收敛的. 但是 $u_\lambda = v_\lambda - w_\lambda$,所以

$$u = \lim \sum u_\lambda = \lim \sum v_\lambda - \lim \sum w_\lambda$$

$$= v - w \quad (\lambda = 1, 2, \cdots)$$

把级数 $\{u\}$ 的项的次序任意改变一下,v 与 u 的值保持不变,所以 $u = v - w$ 也保持不变. 也就是说,$\{u\}$ 是无

条件收敛的.

3. 定理 若任意项级数只是条件收敛的,它的正数项所构成的级数与负数项所构成的级数(这两个级数总含有无穷多项)都发散.

证明 设 $s_n = u_1 + u_2 + \cdots + u_n$ 是给定级数的第 n 个部分和,$\sigma_n = |u_1| + |u_2| + \cdots + |u_n|$ 是绝对项级数的相应的部分和. 若把 s_n 中的正数项的和记作 s_n',把 s_n 中负数项绝对值的和记作 s_n'',则 $s_n = s_n' - s_n''$ 及 $\sigma_n = s_n' + s_n''$,且 $s_n' = \dfrac{1}{2}(\sigma_n + s_n)$ 及 $s_n'' = \dfrac{1}{2}(\sigma_n - s_n)$. 若令 $n \to \infty$ 而取极限,则虽有 $s_n \to s$,但是 σ_n 没有极限. 因为若 σ_n 有一个确定的极限值 σ,则给定级数就是绝对收敛的了,从而由第 2 小节. 它也就是无条件收敛的了,而这与假设相矛盾. 于是当 $n \to \infty$ 时,σ_n 无限增大. 所以 $\lim\limits_{n \to \infty} s_n' = \infty$,$\lim\limits_{n \to \infty} s_n'' = \infty$ 成立. 这就是所要证明的.

4. 黎曼[①]定理 若级数只是条件收敛的,则把它各项的次序适当改变一下之后,便能使所得新级数收敛于任意事先指定的和 S.

证明 设级数 $\{u\} \equiv u_1 + u_2 + u_3 + \cdots$ 是条件收敛的,据第 3 小节. ,由正数项所构成的级数 $\{u'\} \equiv u_1' + u_2' + u_3' + \cdots$ 及由负数项的绝对值所构成的级数 $\{u''\} \equiv u_1'' + u_2'' + u_3'' + \cdots$ 都是发散的. 此时,在这两个级数里,项的次序仍同它们在原来级数中的一样. 由 $\lim\limits_{n \to \infty} u_n = 0$,得到 $\lim\limits_{n \to \infty} u_n' = 0$,$\lim\limits_{n \to \infty} u_n'' = 0$. 现在任意给定一个数 S,为了

---

① 黎曼(Riemann,1826—1866),德国数学家.

简单起见,规定它是正的. 在级数 $\{u'\}$ 里从第一项起一直取到项 u'_{p_1},使它们的和刚好大于 S. 这是可能的,因为 $\{u'\}$ 发散且趋于无穷大,所以它的部分和能大于任何数. 现在从上面得到的和数中减去级数 $\{u''\}$ 中的前若干项,一直到整个和数恰好小于 S. 这是可能的,因为 $\{u''\}$ 是发散的. 设 $\{u''\}$ 中这样的前若干项一直到项 u''_{q_1} 为止. 再从 $\{u'\}$ 的所余部分里取出前若干项(设一直到项 u'_{p_2}),把它们与上面所得的和相加,使新得出的和刚好大于 S,然后再从这个和数中减去 $\{u''\}$ 所余部分的前若干项(设最后一项是 u''_{p_2}),使这个和数再恰好小于 S,这样一直做下去,总是交错地取若干个正项之后再取若干个负项,而在每次取一些正项或负项的时候,总是取到使先前的那个部分和刚好比 S 大一点或小一点. 这样就得出一个唯一确定的级数

$$u'_1 + u'_2 + \cdots + u'_{p_1} - u''_1 - u''_2 - \cdots - u''_{q_1} + u'_{p_1+1} + u'_{p_1+2} + \cdots +$$

$$u'_{p_2} + u''_{q_1+1} - u''_{q_1+2} - \cdots - u''_{q_2} + u'_{p_2+2} + \cdots +$$

$$u'_{p_2} - u''_{q_2+1} - \cdots - u''_{q_3} + \cdots$$

它的部分和 σ_m 有以下的性质

$$\sigma_{p_v-1} \leqslant S \leqslant \sigma_{p_v}, \sigma_{q_v} \leqslant S \leqslant \sigma_{q_v-1} \quad (v=1,2,\cdots)$$

这样,S 便被部分和序列中的两对数所夹住了;其中,无论 v 多么大,以 p_v-1 及 q_v 为号码的部分和都小于 S,而以 p_v 及 q_v-1 为号码的都大于 S. 但是随着 v 的增大,不等号两端的值越来越接近,因为当 $v \to \infty$ 时,$\{u\}$ 是收敛的,乃有 $\lim(\sigma_{p_v} - \sigma_{p_v-1}) = \lim u'_{p_v} = 0$ 及 $\lim(\sigma_{q_v-1} - \sigma_{q_v}) = \lim u''_{q_v} = 0$;于是随 v 无限增大时有

$$\lim \sigma_{p_v-1} = \lim \sigma_{p_v} = \lim \sigma_{q_v-1} = \lim \sigma_{q_v} = S$$

所以也有 $\lim \sigma_m = S$. 这就是说,新的级数的和就是给定的数 S.

5. **例** 级数 $1 - \dfrac{1}{2} + \dfrac{1}{3} - \dfrac{1}{4} + \dfrac{1}{5} - \dfrac{1}{6} + \cdots$ 是收敛的,且和等于 $\ln 2$;$\dfrac{1}{2} - \dfrac{1}{4} + \dfrac{1}{6} - \dfrac{1}{8} + \dfrac{1}{10} - \cdots$ 也是收敛的,且和等于 $\dfrac{1}{2}\ln 2$. 所以

$(1) 1 - \dfrac{1}{2} + \dfrac{1}{3} - \dfrac{1}{4} + \dfrac{1}{5} - \dfrac{1}{6} + \dfrac{1}{7} - \dfrac{1}{8} - \cdots +$

$\dfrac{1}{(4v-3)} - \dfrac{1}{(4v-2)} + \dfrac{1}{(4v-1)} - \dfrac{1}{4v} + \cdots = \ln 2.$

$(2) 0 + \dfrac{1}{2} - 0 - \dfrac{1}{4} + 0 + \dfrac{1}{6} - 0 - \dfrac{1}{8} + \cdots + 0 +$

$\dfrac{1}{(4v-2)} - 0 - \dfrac{1}{4v} + \cdots = \dfrac{1}{2}\ln 2$,逐项相加有

$1 - 0 + \dfrac{1}{3} - \dfrac{1}{2} + \dfrac{1}{5} - 0 + \dfrac{1}{7} - \dfrac{1}{4} + \cdots + \dfrac{1}{(4v-3)} -$

$0 + \dfrac{1}{(4v-1)} - \dfrac{1}{2v} + \cdots = \dfrac{3}{2}\ln 2$

或

$1 + \dfrac{1}{3} - \dfrac{1}{2} + \dfrac{1}{5} + \dfrac{1}{7} - \dfrac{1}{4} + \cdots + \dfrac{1}{(4v-3)} +$

$\dfrac{1}{(4v-1)} - \dfrac{1}{2v} + \cdots = \dfrac{3}{2}\ln 2$

这个级数包含了原来的级数 $1 - \dfrac{1}{2} + \dfrac{1}{3} - \cdots$ 的所有项,只是另一个排列次序(两个正项之后总跟着一个负项),而它的和改变了. 所以 $1 - \dfrac{1}{2} + \dfrac{1}{3} - \dfrac{1}{4} + \cdots$ 是

条件收敛的. 至于这个级数不是绝对收敛的事实已经证明了.

6. 定理　无条件收敛级数也是绝对收敛的.

证明　设级数 $\{u\} \equiv u_1 + u_2 + u_3 + \cdots$ 是无条件收敛的, 且和等于 s. 如果把这个级数的正数项记作 u_1', $u_2', u_3', \cdots$, 把负数项的绝对值记作 $u_1'', u_2'', u_3'', \cdots$, 于是交错级数

$$u_1' - u_1'' + u_2' - u_2'' + u_3' - u_3'' + \cdots$$

趋于同一个极限 s. 对于它的第 $2v$ 个部分和

$$\begin{aligned}
\sigma_{2v} &= u_1' - u_1'' + u_2' - u_2'' + u_3' - u_3'' + \cdots + u_v' - u_v'' \\
&= (u_1' + u_2' + u_3' + \cdots + u_v') - (u_1'' + u_2'' + u_3'' + \cdots + u_v'') \\
&= s_v' - s_v''
\end{aligned}$$

有 $\lim\limits_{v \to \infty} \sigma_{2v} = \lim\limits_{v \to \infty}(s_v' - s_v'') = s$. 于是极限值 $\lim\limits_{v \to \infty} s_v'$ 及 $\lim\limits_{v \to \infty} s_v''$ 必须同时为有限或同时为无穷大. 若两个都是无穷大, 则按照前一个定理, 可把给定级数的项适当改变次序, 使它等于任意一个事先指定的和, 这个级数就变成条件收敛的了, 它与假设相矛盾. 所以这两个极限必须都是有限的: $\lim\limits_{v \to \infty} s_v' = s'$, $\lim\limits_{v \to \infty} s_v'' = s''$, 即级数 $\{u'\}$ 收敛于和 s', $\{u''\}$ 收敛于和 s'', 于是把这两个级数的对应项相加所得到的级数也收敛

$$\{u' + u''\} = u_1' + u_1'' + u_2' + u_2'' + u_3' + u_3'' = s' + s''$$

但这个级数只含有正数项, 故按 1. 可把项的次序任意改变. 如果把它写成原来级数 $\{u\}$ 的次序, 这就得到绝对项级数 $|u_1| + |u_2| + |u_3| + \cdots$, 从而它也是收敛的, 且和等于 $s' + s''$.

从上面所述的几个定理可以看到: 无条件收敛与

绝对收敛总是级数所同时具有的性质. 不是无条件收敛的就不会是绝对收敛的, 反之也是如此.

7. 一致收敛概念　现在来考虑各项都是(实变量) x 的函数的级数. 幂级数就是这类级数中最简单的情形. 设 $u_1(x) + u_2(x) + u_3(x) + \cdots$ 在 $a \leqslant x \leqslant b$ 上收敛且和等于 $s(x)$. 若 $s_n(x) = u_1(x) + u_2(x) + u_3(x) + \cdots + u_n(x)$ 是它的第 n 个部分和, 就有

$$s(x) = \lim_{n \to \infty} s_n(x)$$

就是说, 余项 $r_n(x) = s(x) - s_n(x)$ 满足关系式 $\lim_{n \to \infty} r_n(x) = 0$, 换句话说, 对任意一个 $\varepsilon > 0$, 总能找到这样一个 v, 只要 $n \geqslant v(\varepsilon, x)$ 时, 就有

$$|r_n(x)| \leqslant \varepsilon$$

从几何上来说, 和 $s(x)$ 可表示为一条曲线, 而 $s_1(x)$, $s_2(x)$, $\cdots$ 就是它的第一次、第二次……的近似曲线. 在幂级数的情形下, 它的近似曲线依次是直线、抛物线、三次抛物线等.

如果要选取一个最小的数 v, 使从这个数以后, 级数余项 $r_n(x)$ 的绝对值总小于事先给定的数 ε, 这个数 v 一般不仅要依赖于 ε, 而且也会依赖于 x. 如果在给定的级数里, 使变量 x 取得 a 与 b 之间的不同的值 x_1, $x_2, x_3, \cdots$, 就会得到很不相同的常数项级数. 就这些不同的常数项级数来说, 对于同一个 ε, 我们不能事先就设想, 它们会在同一个号码 v 所确定的第 v 项之后, 余项都是小于 ε 的; 而很可能是: 就这些不同的常数项级数来说, 必须对不同级数取不同的号码值 v, 才能使它们的余项都小于 ε. 不过对于好多函数项级数来说, 这

个号码 v 并不是依赖于 x 的. 这时,我们才能够把这种函数项级数所概括的一切个别常数项级数一律看待,才能说它们从第 v 项以后的余项的绝对值都小于事先给定的数 ε;这时, v 才是只依赖于 ε 的. 因此,这样的级数就叫作在一个域内一致收敛的或均匀收敛的,因为在这种情形下,函数项级数所概括的一切个别常数项级数,恰好都按照一致的方式收敛,即对于所说域里的每一个 x,只要 $n \geqslant v(\varepsilon)$,都有

$$|r_n(x)| \leqslant \varepsilon$$

使级数一致收敛的 x 的取值范围自然不能大于级数的收敛域,因为收敛域把使级数按通常意义收敛的所有 x 值都包括在内.

8. 魏尔斯特拉斯[①]定理　设有函数项级数

$$u_1(x) + u_2(x) + u_3(x) + \cdots$$

则只要能给出一个收敛的正项级数,使之成为其绝对项级数的优级数,这函数项级数就必定是一致收敛的.

证明　设 $\{a\} = a_1 + a_2 + a_3 + \cdots$ 收敛,其中 a_n 是常数且大于零,并且在某一个域内的所有 x 处, $|u_n(x)| \leqslant a_n$ 成立,则

$$|r_n(x) - r_{n+p}(x)| = |u_{n+1}(x) + \cdots + u_{n+p}(x)|$$
$$\leqslant |u_{n+1}(x)| + \cdots + |u_{n+p}(x)|$$
$$\leqslant a_{n+1} + a_{n+2} + \cdots + a_{n+p}$$

但是 $\{a\}$ 收敛,对于足够大的 $n \geqslant N$ 及每一个 $p \geqslant 0$,这

---

①　魏尔斯特拉斯(K. Weierstrass, 1815—1897),德国数学家.

71

个和能小于任意正数 ε. 所以对于一切 $n \geqslant N(\varepsilon)$ 以及对于域里的一切 x 值, $|r_n(x)| < \varepsilon$ 也成立,这就是说,级数 $\{u\}$ 在域里一致收敛.

由此,例如就三角级数

$$a_0 + a_1\cos x + a_2\cos 2x + a_3\cos 3x + \cdots$$
$$b_1\sin x + b_2\sin 2x + b_3\sin 3x + \cdots$$

来说,只要 $|a_0| + |a_1| + |a_2| + \cdots$ 或 $|b_1| + |b_2| + \cdots$ 相应收敛,这两个三角级数对于所有 x 的值也是一致收敛的.

9. 定理 幂级数在收敛域内的每一个闭子区间上一致收敛.

证明 若 r 是收敛半径, ρ 是一个固定的数,满足条件 $0 < \rho < r$,则对一切 $|x| \leqslant \rho$,级数 $a_0 + a_1 x + a_2 x^2 + \cdots$ 的通项 $a_n(x) = a_n x^n$ 的绝对值不大于固定的数 $|a_n| \cdot \rho^n$. 但是级数 $|a_1| \cdot \rho + |a_2| \cdot \rho^2 + \cdots$ 满足魏尔斯特拉斯定理的所有条件,所以 $\sum a_n x^n$ 对于一切 $|x| \leqslant \rho < r$ 一致收敛.

例 几何级数

$$1 + x + x^2 + \cdots = 1 : (1 - x) \quad (|x| < 1)$$

对于一切 $|x| \leqslant \theta < 1$ 是一致收敛的. 就是说,只有当 $|x|$ 小于一个确定的常数而该常数又小于 1 时才一致收敛. 事实上

$$|r_n(x)| = |s(x) - s_n(x)|$$
$$= \left| \frac{1}{1-x} - \frac{1-x^n}{1-x} \right| = \frac{|x|^n}{|1-x|}$$

因为当 $|x| = \theta$ 时,分子达到最大值,而分母达到最小

值. 于是对于一切 $|x| \leqslant \theta$, 有 $|r_n(x)| \leqslant \dfrac{\theta^n}{1-\theta}$. 但

$\lim\limits_{n \to \infty} \theta^n = 0$. 所以, 对于 n 有一个确定的数 N 存在, 当

$n \geqslant N$ 时, $\dfrac{\theta^n}{1-\theta} < \varepsilon$ 总成立, 即只要 $n \geqslant N$, 对于一切

$|x| \leqslant \theta$, 下式成立

$$|r_n(x)| < \varepsilon$$

10. 不一致收敛的级数举例

(1) 给定级数

$$\{A\} \equiv x^2 + \frac{x^2}{1+x^2} + \frac{x^2}{(1+x^2)^2} + \cdots$$

为了求出它的收敛域与级数和, 作第 n 个部分和. 对于
$x \neq 0$, 有

$$s_n(x) = x^2 + \frac{x^2}{1+x^2} + \frac{x^2}{(1+x^2)^2} + \cdots + \frac{x^2}{(1+x^2)^{n-1}}$$

$$= x^2 \frac{1 - \left(\dfrac{1}{1+x^2}\right)^n}{1 - \dfrac{1}{1+x^2}} = x^2 \frac{1 + x^2 - \left(\dfrac{1}{1+x^2}\right)^{n-1}}{x^2}$$

$$= 1 + x^2 - \left(\frac{1}{1+x^2}\right)^{n-1}$$

当 $x = 0$ 时, 级数所有的项都等于 0, 所以 $s_n(0) = 0$. 这
也可以从上式中令 $x = 0$ 而得到. 从而就有

$$s(x) = \lim_{n \to \infty} s_n(x) = \begin{cases} 1 + x^2, & \text{当 } x \neq 0 \\ 0, & \text{当 } x = 0 \end{cases}$$

于是对于一切有限值 x, 级数是收敛的, 它的和是一个
在 $x = 0$ 处不连续的函数 $s(x) = 1 + x^2 (x \neq 0), s(0) = 0$, 即是一个抛物线, 不过要把它与纵轴的交点换成原

点(图 1). 级数和的近似曲线为

$$s_1(x) = x^2, s_2(x) = x^2 + \frac{x^2}{1+x^2}, \cdots$$

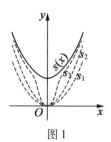

图 1

因 $s_n(0) = 0$ 都通过原点;并在 x 的值增大时,它们与曲线 $s(x)$ 的其余部分越来越接近. 级数的余项是 $r_n(x) = s(x) - s_n(x) = 1 : (1 + x^2)^{n-1} (x \neq 0), r_n(0) = 0$,这就是近似曲线 $s_n(x)$ 关于给定的曲线 $s(x)$ 的离差. 从这个离差的表达式可以看出,不管项的数目 v 取得多么大,我们还不能使这个离差对于一切 x 的值都小于一个事先给定的值 ε,因为当 $x(x \neq 0)$ 足够小时, $r_n(x)$ 与 1 任意接近,所以无穷级数 $\{A\}$ 在原点 $(x = 0)$ 的近旁不一致收敛.

(2)在级数

$$\{B\} \equiv \frac{x}{x^2+1} + \frac{x}{(x^2+1)(2x^2+1)} +$$

$$\frac{x}{(2x^2+1)(3x^2+1)} + \cdots$$

里,第 n 个部分和为

$$s_n(x) = \frac{x}{x^2+1} + \left(\frac{2x}{2x^2+1} - \frac{x}{x^2+1} \right) +$$

$$\left(\frac{3x}{3x^2+1} - \frac{2x}{2x^2+1} \right) + \cdots +$$

$$\left(\frac{nx}{nx^2+1} - \frac{(n-1)x}{(n-1)x^2+1} \right)$$

$$= \frac{nx}{nx^2+1} = \frac{x}{x^2+\dfrac{1}{n}}$$

$$s_n(0) = 0$$

当 $n \to \infty$ 时,就得到 $s_n(x) \to \dfrac{1}{x}\ (x \neq 0)$,$s_n(0) \to 0$,所以级数 $\{B\}$ 对于一切 x 的值均收敛,且它的和表示一个不连续函数 $s(x) = \dfrac{1}{x}\ (x \neq 0)$,$s(0) = 0$. 就是说,这是一个等轴双曲线 $xy = 1$ 再加上一个原点. 第 n 个余项是

$$r_n(x) = s(x) - s_n(x) = \frac{1}{x(nx^2+1)} \quad (x \neq 0)$$

而 $r_n(0) = 0$. 无论 n 取得如何大,总能找到足够小的 x,使 $|r_n(x)|$ 甚至还大于每一个任意的数. 图 2 中画出了当 $x \geqslant 0$ 时的第 $1, 2, 4, 25$ 次近似曲线. 级数 $\{B\}$ 在 $x = 0$ 近旁是不一致收敛的.

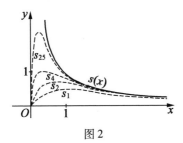

图 2

75

11. **定理** 若以连续函数为项的级数在一个区间上一致收敛,则它的和是这个区间上的一个连续函数.

证明 若级数 $\{u\} = u_1(x) + u_2(x) + \cdots = s(x)$ 在 $a \leqslant x \leqslant b$ 上一致收敛,则在这个区间上当 $n \geqslant v(\varepsilon)$ 时有 $|r_n(x)| < \varepsilon$. 同样当 $n \geqslant v(\varepsilon)$ 时,只要 $a \leqslant x+h \leqslant b$, 仍有 $|r_n(x+h)| < \varepsilon$. 但是

$$s(x+h) - s(x) = s_n(x+h) - s_n(x) + r_n(x+h) - r_n(x)$$

所以

$$|s(x+h) - s(x)| \leqslant |s_n(x+h) - s_n(x)| + |r_n(x+h)| + |r_n(x)|$$

所以,若设 $n \geqslant v(\varepsilon)$,就有

$$|s(x+h) - s(x)| < |s_n(x+h) - s_n(x)| + \varepsilon + \varepsilon$$

因为 $s_n(x)$ 是 n 个连续函数之和,它本身是连续的,所以,当 h 足够小时,$|s_n(x+h) - s_n(x)| < \varepsilon$ 就能成立. 于是 $|s(x+h) - s(x)| < 3\varepsilon$. 这就是说,$s(x)$ 是连续的,这就证明了定理. 由此还得到 $r_n(x)$ 也是连续的.

附言 无穷多个连续函数的和很可能是不连续的,这个事实首先是阿贝尔证实的. 现在再举一个例

$$\{C\} \equiv x + x(1-x) + x(1-x)^2 + x(1-x)^3 + \cdots$$

在 $0 \leqslant x < 2$ 上,这个级数是收敛的,且当 $x = 0$ 时和为 0,当 $x \neq 0$ 时(因它是几何级数)和为 $\dfrac{x}{1-(1-x)} = 1$. 所以它定义一个在 $x = 0$ 处不连续的函数 $s(0) = 0$, $s(x) = 1$(图3).

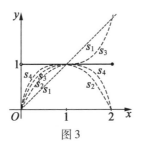

图 3

它的近似曲线

$$s_1(x) = x, s_2(x) = 2x - x^2, s_3(x) = 3x - 3x^2 + x^3, \cdots$$

都通过原点,都与函数 $s(x)$ 相接近,且在 $x = 2$ 的近旁它们相互以不同的方向伸展出去.

但级数 $\{C\}$ 在 $0 \leqslant x \leqslant 2$ 上不是一致收敛的;因为 $s_n(x) = 1 - (1-x)^n$,故当 $x \neq 0$ 时有 $s(x) - s_n(x) = r_n(x) = (1-x)^n$,因此当 x 离 0 越近,n 就必须取的越大,才能使 $|r_n(x)| < \varepsilon$ 成立,所以对于变域里的一切 x 都适用的 n 的下界 v 是不存在的.

12. 一致收敛的概念是一个基本概念,尤其是在讨论函数项级数能否逐项积分或微分的问题时,这个概念特别重要. 下面是级数的积分法定理①:

若在闭区间 $a \leqslant x \leqslant b$ 上级数 $\{u\} \equiv u_1(x) + u_2(x) + \cdots = s(x)$ 一致收敛,且它的各项都是连续函数,则这个级数可以逐项积分,即

$$\int_a^x u_1(x)\mathrm{d}x + \int_a^x u_2(x)\mathrm{d}x + \cdots = \int_a^x s(x)\mathrm{d}x \quad (a \leqslant x \leqslant b)$$

---

① 第 11 与 12 小节中的定理对于可积函数也是成立的,但证起来要麻烦得多.

证明 由于级数 $\{u\}$ 一致收敛,当 $n \geq N(\varepsilon)$ 及 $a \leq x \leq b$ 时,有 $|r_n(x)| < \varepsilon$. 又由第 11 小节,$r_n(x)$ 是连续的,所以它可积. 首先

$$\left| \int_a^x r_n(x)\,\mathrm{d}x \right| \leq \int_a^x |r_n(x)|\,\mathrm{d}x \leq \varepsilon \int_a^x \mathrm{d}x = \varepsilon(x-a)$$

右端可以随 ε 而任意变小,因之左端更是随 ε 而任意变小. 其次,又因为 $s_n(x)$ 是有限多个连续函数的和,它本身也是连续的,于是 $\int_a^x s_n(x)\,\mathrm{d}x$ 存在. 这个积分是各项积分所得级数的第 n 个部分和. 因此下面的等式成立

$$\int_a^x r_n(x)\,\mathrm{d}x + \int_a^x s_n(x)\,\mathrm{d}x$$

$$= \int_a^x [r_n(x) + s_n(x)]\,\mathrm{d}x = \int_a^x s(x)\,\mathrm{d}x$$

因为第一个积分可以任意变小,所以就得到结论

$$\lim_{n \to \infty} \int_a^x s_n(x)\,\mathrm{d}x = \int_a^x s(x)\,\mathrm{d}x$$

13. 级数的微分法 设级数 $u_1(x) + u_2(x) + \cdots$ 在某一个区间上收敛且和为 $s(x)$,它的各项都是连续可导函数. 若是这个级数各项的导数所构成的级数一致收敛,则级数可以逐项求导.

证明 设由导数所构成的级数

$$u_1'(x) + u_2'(x) + u_3'(x) + \cdots = \bar{s}(x)$$

是一致收敛且连续的函数项级数,于是由第 11 小节,$\bar{s}(x)$ 是一个连续函数. 由第 12 小节,两端可以逐项积分

$$\int_a^x \overline{s}(x)\,\mathrm{d}x = C + u_1(x) + u_2(x) + \cdots = C + s(x)$$

而这就等于说 $\overline{s}(x) = s'(x)$. 从而就证明了定理.

据此,收敛幂级数在收敛域内可以逐项积分与逐项微分. 以前对幂级数可逐项微分与积分的证明里,诚然没有一处明确用过一致收敛的概念,但细心的读者会发现在证明过程中这个概念仍是间接包含在内的.

14. **附言**　(1)一个非一致收敛的级数一般是不能逐项积分的,下面的例就说明了这一点. 设

$$u_n(x) = nx e^{-nx^2} - (n-1)x e^{-(n-1)x^2}$$

则 $s_n(x) = nx e^{-nx^2} = nx : e^{nx^2}$. 因为指数函数在 $n \to \infty$ 时比每一个幂函数更快地趋向无穷大,所以对于一切有限值 x 有

$$s(x) = 0$$

若把级数在 0 与 x 之间逐项积分,就得到部分和

$$\begin{aligned}
S_n(x) &= \int_a^x s_n(x)\,\mathrm{d}x = \int_a^x nx e^{-nx^2}\,\mathrm{d}x \\
&= \left[-\frac{1}{2} e^{-nx^2} \right]_0^x = \frac{1}{2}\left(1 - e^{-nx^2} \right)
\end{aligned}$$

所以当 $n \to \infty$, $x \neq 0$ 时,级数和 $S(x) = \dfrac{1}{2}$;这个和是与

积分 $\displaystyle\int_0^x \varepsilon(x)\,\mathrm{d}x = 0$ 不相等的. 原因就在于给定的级数在点 $x = 0$ 近旁不一致收敛. 事实上,当 $n > v$ 时,式子

$$|r_n(x)| = |\varepsilon(x) - \varepsilon_n(x)| = n|x| e^{-nx^2}$$

并不是对一切 $|x|$ 都可以变得任意小的,而且甚至对于

任意选定的 ω($\omega > 0$),可以如此确定一个数 $v = v(\omega)$,当 $n > v$ 时,能找到一个 $|x|$,使 $|r_n(x)| > \omega$ 成立,而无论 ω 取的多么大,这只要取 $v = \omega^2 e^2$,$x = 1:\sqrt{n}$. 这时,当 $n > v$ 时,就有 $|r_n(1:\sqrt{n})| = \sqrt{n}:e > \omega$. 若考虑近似曲线 $s_n(x) = nxe^{-nx^2}$ 的伸展情况(图 4 表示 $x \geqslant 0$ 的部分),则可从几何上显示出所给级数与积分级数的性质. 当 n 越大,曲线 s_n 在 y 轴近旁的舌形部分就越窄越高,而曲线的其余部分就越向 x 轴贴近. 可以证明所有近似曲线的包络是双曲线 $xy = e^{-1}$. 在对级数作积分时,一方面是求 x 轴($y = 0$)的积分(即 x 轴与 y 轴间的面积),另一方面是求第 n 个近似曲线的积分(即近似曲线与 x 轴间的面积),这就得到不同的结果了,因为这个舌形部分(甚至当 $n \to \infty$ 的情形)具有有限的面积. 且若在积分范围内不含原点,那就容易看到,给定的级数是可以逐项积分的.

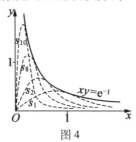

图 4

(2)但是也有非一致收敛的级数仍能逐项积分的. 例如在第 11 小节里所讨论的在 $0 \leqslant x < 2$ 上收敛的级数就是如此

$$\{C\} \equiv \sum_{\lambda=1}^{\infty} x(1-x)^{\lambda-1} = 1 \text{ 或 } 0$$

随 $x \neq 0$ 或 $x = 0$ 而定.

它的第 n 个部分和是

$$s_n(x) = \sum_{\lambda=1}^{n} x(1-x)^{\lambda-1} = 1 - (1-x)^n \quad (1)$$

按照分部积分公式,有

$$\int x(1-x)^{\lambda-1}dx = -\int x \frac{d(1-x)^{\lambda}}{\lambda}$$

$$= \frac{x(1-x)^{\lambda}}{\lambda} + \int \frac{(1-x)^{\lambda}}{\lambda}dx$$

$$= -\frac{(\lambda x + 1)(1-x)^{\lambda}}{\lambda(\lambda+1)} + 常数$$

于是,若把级数在 0 与 x 之间逐项积分(其中 $0 \leqslant x < 2$),就得到

$$\int_0^x s_n(x)dx = \sum_{\lambda=1}^{n} \frac{1 - (\lambda x + 1)(1-x)^{\lambda}}{\lambda(\lambda+1)}$$

另一方面,式(1)右端的积分为

$$\int_0^x (1 - (1-x)^n)dx = x + \frac{(1-x)^{n+1} - 1}{n+1}$$

当 $n \to \infty$ 时,这个式子趋于 x(因为 $|1-x| \leqslant 1$). $\{C\}$ 的右端的积分也是这个结果. 所以当 $0 \leqslant x < 2$ 时, $\{C\}$ 可以逐项积分,并且可以破例得出一个收敛级数与正确的和数

$$\sum_{\lambda=1}^{\infty} \frac{1 - (\lambda x + 1)(1-x)^{\lambda}}{\lambda(\lambda+1)}$$

$$= \frac{x^2}{1 \cdot 2} + \frac{1 - (2x+1)(1-x)^2}{2 \cdot 3} +$$

$$\frac{1 - (3x+1)(1-x)^3}{3 \cdot 4} + \cdots = x$$

81

这当然是一个值得注意的结果. 当 $x=1$ 时, 有

$$\frac{1}{1 \cdot 2} + \frac{1}{2 \cdot 3} + \frac{1}{3 \cdot 4} + \cdots = 1$$

这也是不难直接证明的.

15. **三角级数**　下面形式的无穷级数

$$a_0 + a_1 \cos x + b_1 \sin x + a_2 \cos 2x +$$

$$b_2 \sin 2x + a_3 \cos 3x + b_3 \sin 3x + \cdots$$

叫作三角级数. 若它收敛, 则它就构成一个以 2π 为原始周期的周期函数

$$f(x + 2k\pi) = f(x) \quad (k = 0, \pm 1, \pm 2, \cdots)$$

这种级数对描述周期现象有很大作用, 而周期现象在几乎所有的科学技术领域里是经常遇到的.

由于按阿贝尔定理, 若系数 b_λ 都是正的, 单调减小且趋于零的, 那么正弦级数 $\sum b_\lambda \sin \lambda x$ 对于一切 x 就都收敛. 对余弦级数 $\sum a_\lambda \cos \lambda x$ 以及对这两个级数合并起来而成的级数也都有同样的结果. 现在还可以更进一步证明下面的定理:

若所有 $a_\lambda > 0, b_\lambda > 0$, 且单调减小 ($a_{\lambda+1} < a_\lambda$, $b_{\lambda+1} < b_\lambda$) 而趋于零, 则 $\sum a_\lambda \cos \lambda x$ 及 $\sum b_\lambda \sin \lambda x$ 在区间 $0 < a \leqslant x \leqslant 2\pi - a$ 上一致收敛.

证明　先就余弦级数加以证明. 需要证明的是: 存在这样一个大的 n, 对于在所述区间上的每一个 x, 使 $|r_n(x)|$ 及一切以后的余项均小于任意给定的常数 ε. 而现在

$$r_n(x) - r_{n+p}(x)$$

82

$$= a_{n+1}\cos(n+1)x + a_{n+2}\cos(n+2)x + \cdots + a_{n+p}\cos(n+p)x$$

$$= -a_{n+1}C_n(x) + (a_{n+1} - a_{n+2})C_{n+1}(x) + (a_{n+2} - a_{n+3})C_{n+2}(x) + \cdots + (a_{n+p-1} - a_{n+p})C_{n+p-1}(x) + a_{n+p}C_{n+p}(x)$$

其中

$$C_n(x) = \cos x + \cos 2x + \cdots + \cos nx$$

$$= \frac{\cos \frac{1}{2}(n+1)x \sin \frac{nx}{2}}{\sin \frac{x}{2}} \qquad (2)$$

关于公式 $C_n(x)$ 的证明不难用从 n 推到 $n+1$ 的方法得出. 但是 $|C_n(x)| \leqslant 1 : \sin \frac{x}{2}$，所以

$$|r_n(x) - r_{n+p}(x)|$$

$$\leqslant a_{n+1}\frac{1}{\sin \frac{x}{2}} + (a_{n+1} - a_{n+2})\frac{1}{\sin \frac{x}{2}} + \cdots +$$

$$(a_{n+p-1} - a_{n+p})\frac{1}{\sin \frac{x}{2}} + a_{n+p}\frac{1}{\sin \frac{x}{2}}$$

$$= 2a_{n+1} : \sin \frac{x}{2}$$

若现在令 $p \to \infty$，也有 $|r_n(x)| \leqslant 2a_{n+1} : \sin \frac{x}{2}$. 又因为

$0 < a \leqslant x \leqslant 2\pi - a$，得 $\sin \frac{x}{2} \geqslant \sin \frac{a}{2}$，所以

$$|r_n(x)| \leqslant 2a_{n+1} : \sin \frac{a}{2}$$

由于 $a_{n+1} \to 0$，故对于每一个 x 及同一个足够大的 n，

可以使 $|r_n(x)|$ 以及以后的每一个余项都小于任意指定的数. 这就证明了定理.

相应地可以来论证 $\sum b_\lambda \sin \lambda x$，这时只要把 $C_n(x)$ 换作和

$$S_n(x) = \sin x + \sin 2x + \cdots + \sin nx$$

$$= \frac{\sin \frac{1}{2}(n+1)x \sin \frac{nx}{2}}{\sin \frac{x}{2}} \tag{3}$$

就可以了.

若是三角级数

$$f(x) = a_0 + \sum (a_\lambda \cos \lambda x + b_\lambda \sin \lambda x) \quad (\lambda = 1,2,\cdots)$$

在 $0 \leqslant x \leqslant 2\pi$ 上一致收敛，就可以把它从 0 到 2π 逐项积分. 此时因为 $f(x)$ 在 0 与 2π 之间连续，就得到确定系数的欧拉 – 傅里叶公式($\lambda = 1,2,\cdots$)

$$\begin{cases} a_0 = \dfrac{1}{2\pi}\displaystyle\int_0^{2\pi} f(x)\,\mathrm{d}x \\[2mm] a_\lambda = \dfrac{1}{\pi}\displaystyle\int_0^{2\pi} f(x)\cos \lambda x\mathrm{d}x \\[2mm] b_\lambda = \dfrac{1}{\pi}\displaystyle\int_0^{2\pi} f(x)\sin \lambda x\mathrm{d}x \end{cases} \tag{4}$$

这样的三角级数的部分和就是我们讨论的三角多项式. 若在一个子区间里，由它的各项的导数所构成的级数一致收敛，则有(按第 13 小节)

$$f'(x) = \sum (\lambda b_\lambda \cos \lambda x - \lambda a_\lambda \sin \lambda x)$$

16. 傅里叶级数的唯一性定理 若一个连续函数 $f(x)$ 的傅里叶系数已经算出，由它们构成的三角级数

叫作函数 $f(x)$ 的傅里叶级数. 即使这个级数对于一切 x 收敛, 它的和也并不一定等于 $f(x)$. 若级数在 $0 \leqslant x \leqslant 2\pi$ 上一致收敛, 则它的和, 记作 $g(x)$, 无论如何总是 x 的一个连续函数. 这时也具有连续性的差 $f(x) - g(x)$ 的傅里叶系数就都等于零. 我们要来证明, 由此就能得到 $f(x) - g(x) = 0$ 或 $f(x) = g(x)$.

设 $s(x) = f(x) - g(x)$, 就有

$$\begin{cases} \displaystyle\int_0^{2\pi} s(x) \cos \lambda x \mathrm{d}x = 0 \\[2mm] \displaystyle\int_0^{2\pi} s(x) \sin \lambda x \mathrm{d}x = 0 \end{cases} \quad (\lambda = 0, 1, 2, 3, \cdots)$$

由这些假设, 利用 $s(x)$ 的连续性就能得到 $s(x) = 0$. 要证明这一点, 设 $s(x)$ 在某一点 ξ 处竟然不等于 0, 譬如说 $s(\xi)$ 是正的, 则 $s(x)$ 也在一个小的邻域 $|x - \xi| < \delta$ 里总是正的. 设有一个函数 $\varphi(x)$, 它在这个邻域里函数值很大, 而在区间 $0 \leqslant x \leqslant 2\pi$ 的所有其余部分却很小, 若用它去乘 $s(x)$, 则根据定积分作为和的极限的定义, 就可知道积分 $\displaystyle\int_0^{2\pi} s(x) \varphi(x) \mathrm{d}x$ 也是正的. 现在我们来构造一个由函数 $\cos nx$ 与 $\sin nx$ 所构成的这样的 $\varphi(x)$.

要达到这个目的, 我们可以从函数

$$(1 + \varepsilon) \frac{1 + \cos(x - \xi)}{2}$$

出发. 当 $x = \xi$ 时, 这个函数等于 $1 + \varepsilon$, 而当 x 从 ξ 向左或向右移动时, 函数值减小而趋于零, 且在 $x = \xi - \pi$ 与 $x = \xi + \pi$ 处等于零. 所以当 ε 微小时, 函数在点 ξ 的

微小的邻域里就大于 1，而在这个邻域以外就小于 1.
显然可以这样来选取 ε，使得这个邻域恰好与上面所
选的使 $s(x)>0$ 的邻域 $|x-\xi|<\delta$ 相一致. 现在令

$$\varphi(x) = \left[\,(1+\varepsilon)\,\frac{1+\cos\,(x-\xi)}{2}\,\right]^m$$

并选取整指数 m 很大. 于是 $\varphi(x)$ 的值在 ξ 的邻域里
就很大（因为它是大于 1 的数的 m 次乘幂），而在这个
邻域以外就很小（因为它是小于 1 的数的 m 次乘幂）.
于是可以选取如此的 m，使

$$\int_0^{2\pi} s(x)\varphi(x)\,\mathrm{d}x >0$$

成立.

另外，根据 $\varphi(x)$ 的定义，知道它是一个 $\sin x$ 与
$\cos x$ 的多项式，所以它是由有限多个像 $\sin^a x$ 与 $\cos^a x$
的式子所构成的线性组合，而它的系数是常数. 但是
每一个这样的乘幂都可以写成有限项的三角级数，因
为 $1,\cos x,\cos^2 x,\cos^3 x,\cdots;\sin x,\sin^2 x,\sin^3 x,\cdots$ 乃至于
$\sin^a x \cdot \cos^a x$ 都能这样表示出来. 所以 $\varphi(x)$ 也有下面
的形式

$$\varphi(x) = \sum_{\lambda=0}^{N} (a_\lambda \cos \lambda x + b_\lambda \sin \lambda x)$$

但是现在可以看到，按假设 $\int_0^{2\pi} s(x)\varphi(x)\,\mathrm{d}x = 0$
必须成立，这个矛盾只有在 $s(x)$ 无处大于零的情况下
不致发生. 同样可证，$s(x)$ 无处小于零；于是在整个区
间上 $s(x)=0$，这就证明了唯一性定理.

17. **例** （1）$f(x)=(x-\pi)^2,0\leq x\leq 2\pi$. 有

$$\int_0^{2\pi} f(x)\,\mathrm{d}x = \int_0^{2\pi} (x-\pi)^2\mathrm{d}x = \frac{2}{3}\pi^3$$

$$\int_0^{2\pi} (x-\pi)^2 \cos \lambda x\mathrm{d}x = \int_{-\pi}^{\pi} z^2(-1)^\lambda \cos \lambda z\mathrm{d}z$$

$$= (-1)^\lambda \Big[\frac{z^2}{\lambda}\sin \lambda z + \frac{2z}{\lambda^2}\cos \lambda z - \frac{2}{\lambda^3}\sin \lambda z\Big]_{-\pi}^{\pi}$$

$$= \frac{4\pi}{\lambda^2} \int_0^{2\pi} (x-\pi)^2 \sin \lambda x\mathrm{d}x = \int_{-\pi}^{\pi} z^2(-1)^\lambda \sin \lambda z\mathrm{d}z$$

$$= (-1)^\lambda \Big[-\frac{z^2}{\lambda}\cos \lambda z + \frac{2z}{\lambda^2}\sin \lambda z + \frac{2}{\lambda^3}\cos \lambda z\Big]_{-\pi}^{\pi}$$

$$= 0$$

所以有

$$a_0 = \frac{1}{3}\pi^2, a_\lambda = \frac{4}{\lambda^2}, b_\lambda = 0$$

$$f(x) = \frac{1}{3}\pi^2 + 4\Big(\frac{\cos x}{1^2} + \frac{\cos 2x}{2^2} + \frac{\cos 3x}{3^2} + \cdots\Big) \quad (5)$$

根据魏尔斯特拉斯定理,立即看到,这个级数对于一切 x 一致收敛,且它的和是一个连续的周期函数,它表示一串抛物线弧段(图 5).此时,按唯一性定理,它必须等于 $(x-\pi)^2$.令 $x=0$ 及 $x=\pi$,得到

$$\frac{\pi^2}{6} = \frac{1}{1^2} + \frac{1}{2^2} + \frac{1}{3^2} + \cdots \quad (6)$$

$$\frac{\pi^2}{12} = \frac{1}{1^2} - \frac{1}{2^2} + \frac{1}{3^2} - \cdots \quad (7)$$

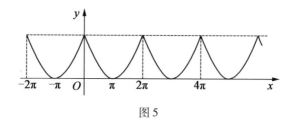

图 5

按第 13 小节, $f(x)$ 的级数也可以逐项微分,并且在一个子区间 $0 < a \leqslant x \leqslant 2\pi - a$ 上有

$$-\frac{1}{2}f'(x) = \pi - x = 2\left(\frac{\sin x}{1} + \frac{\sin 2x}{2} + \frac{\sin 3x}{3} + \cdots\right)(8)$$

因为这个级数在这个子区间上一致收敛. 对于 $x = \dfrac{\pi}{2}$,

就得到著名的莱布尼茨级数 $\dfrac{\pi}{4} = 1 - \dfrac{1}{3} + \dfrac{1}{5} - \cdots$. 但是

当 $x = 0$ 及 2π 时,级数的和等于 0,而左端的值为 $\pm\pi$,它们之所以不相等是因为级数在区间 $(0, 2\pi)$ 上不再

一致收敛;函数 $-\dfrac{1}{2}f'(x)$ 在 $x = 0$ 及 $x = 2\pi$ 这两点处

不连续,且在该处级数和给出了跃量的算术平均值(图 6). 这个级数不再能逐项微分了.

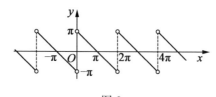

图 6

(2)级数(5)按第 15 小节也可以在每一个有限区间 $(0, x)$ 上逐项积分,而所得到的级数对于一切 x 也

88

一致收敛

$$\frac{(x-\pi)^3}{3} + \frac{\pi^3}{3} = \frac{\pi^2}{3}x + 4\left\{\frac{\sin x}{1^3} + \frac{\sin 2x}{2^3} + \frac{\sin 3x}{3^3} + \cdots\right\}$$

$$(9)$$

当 $x = \dfrac{\pi}{2}$ 时,有

$$\frac{\pi^3}{32} = \frac{1}{1^3} - \frac{1}{3^3} + \frac{1}{5^3} - \cdots \qquad (10)$$

把级数(9)从 0 到 x 再积分一次,得到

$$\frac{(x-\pi)^4}{12} - \frac{\pi^4}{12} + \frac{\pi^3}{3}x$$

$$= \frac{\pi^2}{6}x^2 - 4\left\{\frac{\cos x}{1^4} + \frac{\cos 2x}{2^4} + \frac{\cos 3x}{3^4} + \cdots\right\} + 4\sum_{\lambda=1}^{\infty}\frac{1}{\lambda^4}$$

$$(11)$$

上式中最后出现的级数 $\sum \lambda^{-4} = \zeta(4)$ 是收敛的. 若令 $x = \dfrac{\pi}{2}$,然后再令 $x = \pi$,就得到

$$\frac{3}{64}\pi^4 = 4\left[\frac{1}{2^4} - \frac{1}{4^4} + \frac{1}{6^4} - \cdots\right] + 4\zeta(4)$$

$$\frac{1}{12}\pi^4 = 4\left[\frac{1}{1^4} - \frac{1}{2^4} + \frac{1}{3^4} - \cdots\right] + 4\zeta(4)$$

显然有 $2^2[\cdots] = \{\cdots\}$,解出关于 $\zeta(4)$ 及 $\{\cdots\}$ 的线性方程组,不难得到

$$\zeta(4) = \frac{1}{1^4} + \frac{1}{2^4} + \frac{1}{3^4} + \cdots = \frac{\pi^4}{90} \qquad (12)$$

$$\{\cdots\} = \frac{1}{1^4} - \frac{1}{2^4} + \frac{1}{3^4} - \cdots = \frac{7\pi^4}{720} \qquad (13)$$

继续用这个方法,同样可以计算 $\zeta(6), \zeta(8), \cdots$ 以

及对应的交错级数.

（3）整流后的正弦电流曲线：$f(x) = \sin x$，当 $0 \leqslant x \leqslant \pi$；$f(x) = -\sin x$，当 $\pi < x \leqslant 2\pi$.

我们有

$$\int_0^{2\pi} f(x)\,\mathrm{d}x = \int_0^{\pi} \sin x\,\mathrm{d}x - \int_{\pi}^{2\pi} \sin x\,\mathrm{d}x = 4$$

$$\int_0^{\pi} \sin x\cos \lambda x\,\mathrm{d}x - \int_{\pi}^{2\pi} \sin x\cos \lambda x\,\mathrm{d}x$$

$$= \frac{1 + (-1)^\lambda}{2} \int_0^{\pi} (\sin(1 + \lambda)x + \sin(1 - \lambda)x)\,\mathrm{d}x$$

$$= \frac{1 + (-1)^\lambda}{2} \left[\frac{1 + (-1)^\lambda}{\lambda + 1} - \frac{1 + (-1)^\lambda}{\lambda - 1} \right]$$

$$= 0 \text{ 或 } -\frac{4}{(\lambda - 1)(\lambda + 1)}$$

这要按 λ 是奇数或偶数而定. 同样

$$\int_0^{\pi} \sin x\sin \lambda x\,\mathrm{d}x - \int_{\pi}^{2\pi} \sin x\sin \lambda x\,\mathrm{d}x$$

$$= \frac{1 + (-1)^\lambda}{2} \int_0^{\pi} (\cos(\lambda - 1)x - \cos(\lambda + 1)x)\,\mathrm{d}x = 0$$

所以

$$a_0 = \frac{2}{\pi},\ a_{2\mu + 1} = 0$$

$$a_{3\mu} = -\frac{4}{\pi(2\mu - 1)(2\mu + 1)},\ b_\mu = 0$$

$$(\mu = 1, 2, \cdots)$$

于是

$$f(x) = \frac{2}{\pi} - \frac{4}{\pi}\left(\frac{\cos 2x}{1 \cdot 3} + \frac{\cos 4x}{3 \cdot 5} + \frac{\cos 6x}{5 \cdot 7} + \cdots \right) \quad (14)$$

这个级数对一切 x 一致收敛；$f(x)$ 是连续的（图 7）．除在角点外也可以逐项微分．

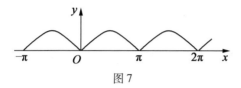

图 7

要能把一个给定的函数 $f(x)$ 展开成以（4）为系数的傅里叶级数，恰当的条件还没有完全知道．有这样的连续函数，它不能用傅里叶级数来表示．例如，在无论如何小的区间上都有无穷多个振荡的函数就是．另外，甚至是一致收敛的三角级数，如魏尔斯特拉斯所发现的那个函数

$$w(x) = \sum a^{\lambda}\cos(b \cdot \pi x) \quad (\lambda = 1,2,\cdots)$$

其中 $0 < a < 1$，b 是正整数，$ab > 1 + \dfrac{3}{2}\pi$，却表示一个处处连续然而又是无一处可微的函数．不过，要是 $f(x)$ 满足所谓狄利克雷条件，就是说，若区间 $0 \leqslant x \leqslant 2\pi$ 可以拆成有限个子区间，使在每一个子区间上 $f(x)$ 单调且连续，则 $f(x)$ 可以展开成以式（4）为系数的傅里叶级数——至于这个命题的证明，这里不讲了．

§6　幂级数的应用

1. 近似公式　若去掉收敛幂级数 $f(x) = a_0 + a_1 x + a_2 x^2 + \cdots$ 从 $a_n x^n$ 项以后的部分，就说多项式 $a_0 + a_1 x + \cdots +$

$a_n x^n$ 是 $f(x)$ 的第 n 次(或者说是直到第 $n+1$ 项的)近似表达式. 所以,第一次近似表达式是 $f(x) \approx a_0 + a_1 x$,第二次近似表达式是 $f(x) \approx a_0 + a_1 x + a_2 x^2$,等等. 当 x 不大时,常常用少数的几项就已经能够得到精确度不坏的近似公式,而这些在实际计算里是重要的. 例如,我们有

$$(1+x)^{\mu} \approx 1 + \mu x, \mathrm{e}^x \approx 1 + x, \sin x \approx x, \cosh x \approx 1 + \frac{x^2}{2}$$

$$\cos x \approx 1 - \frac{x^2}{2}, \ln(1+x) \approx x - \frac{x^2}{2}$$

等等. 在科学技术、实验物理学等学科里是经常要用到这些近似公式的,例如,我们常把 $1 : (1+x)$ 写作 $1-x$,把 $\sqrt{1+x}$ 写作 $1 + \frac{x}{2}$,把 $(1+a)^3$ 写作 $1+3a$(体积膨胀系数)等.

2. 密切抛物线　若对在点 O 处有有限曲率 k 的曲线 $y = a_0 + a_1 x + a_2 x^2 + \cdots$,取切线 Ox 与法线 Oy 作为坐标轴,则在点 C 处,$x=0$,$y=0$,$y'=0$ 及 $\dfrac{y''}{(1+y'^2)^{\frac{3}{2}}} = k$,则得

$$y(0) = a_0 = 0, y'(0) = a_1 = 0, y''(0) = 2a_2 = k$$

所以曲线方程是

$$y = \frac{1}{2}kx^2 + \cdots$$

于是在点 O 处可取抛物线 $y = \dfrac{1}{2}kx^2$ 作为这条曲线的第二次近似曲线,这个抛物线叫作"密切抛物线".

92

3. **平面曲线的曲率**　若一曲线在 x 的近旁的伸展方向几乎平行于 x 轴,则 $y'(x)$ 就不大,于是可以把 k 展开成

$$k = \frac{y''(x)}{(1 + y'(x)^2)^{\frac{3}{2}}} = y''(x) + (1 + y'(x)^2)^{-\frac{3}{2}}$$

$$= y''(x)\left(1 - \frac{3}{2}y'(x)^2 + \frac{3 \cdot 5}{2 \cdot 4}y'(x)^4 - \cdots\right)$$

所以第一次近似表达式是 $k \approx y''(x)$. 在力学里计算梁的微小弹性形变时,把在 x 处的弯矩 $M(x)$ 的准确表达式 EJk 用近似式 $EJy''(x)$ 来代替(其中 E 是弹性系数,J 是断面惯性矩,k 是在 x 处梁的中性线的曲率),就利用了这个结果. 于是就微小弹性形变(弯变)来说,变形曲线的微分方程就近似地表示成

$$\frac{\mathrm{d}^2 y}{\mathrm{d}x^2} \approx \frac{M(x)}{E \cdot J(x)}$$

4. **圆弧用直线表示的近似作图公式**　中心角为 α 的圆弧 $s = \overset{\frown}{ACB}$ 弧长为

$$s \approx \frac{1}{3}(8b - a)$$

其中 a 与 b 是对应于中心角 α 与 $\dfrac{\alpha}{2}$ 的弦的长(图 8),即

$$a = 2r\sin\frac{\alpha}{2}, b = 2r\sin\frac{\alpha}{4}$$

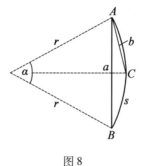

图 8

于是

$$\frac{1}{3}(8b-a)=\frac{2r}{3}\left(8\sin\frac{\alpha}{4}-\sin\frac{\alpha}{2}\right)$$

$$=\frac{2r}{3}\left[8\left(\frac{\alpha}{4}-\frac{\left(\frac{\alpha}{4}\right)^3}{3!}+\frac{\left(\frac{\alpha}{4}\right)^5}{5!}\right)-\cdots-\right.$$

$$\left.\left(\frac{\alpha}{2}-\frac{\left(\frac{\alpha}{2}\right)^3}{3!}+\frac{\left(\frac{\alpha}{2}\right)^5}{5!}\right)-\cdots\right]$$

或

$$\frac{1}{3}(8b-a)=\frac{2r}{3}\left(\frac{3}{2}\alpha-\frac{\alpha^5}{4^5\cdot5}+\cdots\right)$$

$$=r\left(\alpha-\frac{\alpha^5}{7\,680}+\cdots\right)$$

$$=s-\frac{r\alpha^5}{7\,680}+\cdots$$

所以

$$s=\frac{1}{3}(8b-a)+\frac{r\alpha^5}{7\,680}+\cdots$$

于是以上面所得的公式来做圆弧长的直线图形,可以

精确到四次项(包括这项在内);误差大致是 $\dfrac{r\alpha^5}{7\,680}$,这

个数相当于:当 $r = 1$ m,$\alpha = 1\left(=\dfrac{\pi}{180}\cdot 57°.296\right)$时,误

差只有 $\dfrac{1}{8}$ cm.

5. 利用幂级数求积分　幂级数有一个重要应用,
就是当定积分或不定积分不能用初等函数的“封闭形
式”(即用有限个初等函数的形式)来表示时,可以用
幂级数来计算这些积分. 我们只需先把被积函数按积
分变量的乘幂展开为幂级数,然后再把该级数逐项积
分. 当然,首先必须要求函数是能够这样展开的,而且
积分限必须在幂级数的收敛域之内

$$f(x) = a_0 + a_1 x + a_2 x^2 + \cdots \quad (\,|x| < r\,)$$

$$\int_a^x f(x)\,\mathrm{d}x = a_0(x - a) + \frac{1}{2}a_1(x^2 - a^2) +$$

$$\frac{1}{3}a_2(x^3 - a^3) + \cdots$$

$$|a| \leqslant \rho, |x| \leqslant \rho, \text{且 } \rho < r$$

例　(1)正弦积分

$$\mathrm{Si}(x) = \int_0^x \frac{\sin x}{x}\mathrm{d}x = \int_0^x \left(1 - \frac{x^2}{3!} + \frac{x^4}{5!} - \cdots\right)\mathrm{d}x$$

$$= x - \frac{x^3}{3!\cdot 3} + \frac{x^5}{5!\cdot 5} - \frac{x^7}{7!\cdot 7} + \cdots \quad (\,|x| < \infty)$$

(2)高斯误差积分

$$\Phi(x) = \frac{2}{\sqrt{\pi}}\int_0^x \mathrm{e}^{-x^2}\mathrm{d}x = \frac{2}{\sqrt{\pi}}\int_0^x \left(1 - \frac{x^2}{1!} + \frac{x^4}{2!} - \frac{x^6}{3!} + \cdots\right)\mathrm{d}x$$

$$= \frac{2}{\sqrt{\pi}} \left(\frac{x}{1} - \frac{x^3}{1! \cdot 3} + \frac{x^5}{2! \cdot 5} - \frac{x^7}{3! \cdot 7} + \cdots \right) \quad (\mid x \mid < \infty)$$

当 $x \to \infty$ 时，$\Phi(x) \to 1$.

6. 椭圆的弧长　方程 $x = a\sin\varphi, y = b\cos\varphi$ 表示以 φ 为变量（参数），以 a 与 b 为半轴的椭圆. 当 φ 从 0 变到 $\frac{\pi}{2}$ 时，动点 $P(x,y)$ 就从 y 轴开始描绘了椭圆的第一象限部分（图 9）. 当参量从 0 变到 φ 时，椭圆弧长 s 等于

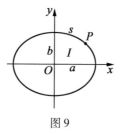

图 9

$$s = \int_0^\varphi \sqrt{\mathrm{d}x^2 + \mathrm{d}y^2} = \int_0^\varphi \sqrt{a^2\cos^2\varphi + b^2\sin^2\varphi}\,\mathrm{d}\varphi$$

$$= a\int_0^\varphi \sqrt{1 - \varepsilon^2\sin^2\varphi}\,\mathrm{d}\varphi$$

其中 $\varepsilon^2 = \dfrac{a^2 - b^2}{a^2}$（$\varepsilon$ 是偏心率）. 因为这个积分不能用初等函数来表示，可把积分号下的根式按 $-\varepsilon^2\sin^2\varphi$（因为当 $a > b$ 时，它的绝对值小于 1）的乘幂展开

$$s = a\int_0^\varphi \mathrm{d}\varphi \left\{ 1 - \frac{1}{2}\varepsilon^2\sin^2\varphi - \frac{1}{2 \cdot 4}\varepsilon^4\sin^4\varphi - \right.$$

$$\left. \frac{1 \cdot 3}{2 \cdot 4 \cdot 6}\varepsilon^6\sin^6\varphi - \cdots \right\}$$

再逐项积分(因为这个级数是一致收敛的),得

$$s = a\left\{\varphi - \frac{1}{2}\varepsilon^2\int_0^\varphi \sin^2\varphi d\varphi - \frac{1}{2\cdot4}\varepsilon^4\int_0^\varphi \sin^4\varphi d\varphi - \cdots\right\}$$

积分

$$S_n = \int_0^\varphi \sin^n\varphi d\varphi$$

有递推公式

$$S_n = -\frac{1}{n}\sin^{n-1}\varphi\cos\varphi + \frac{n-1}{n}S_{n-2}\quad(n>1)$$

利用这个方法,在 s 中出现的积分就可以用三角函数以及积分 $S_0 = \varphi$ 来表示. 如果所求的是椭圆周长的四分之一 $\left(\varphi = \dfrac{\pi}{2}\right)$,公式就大为简化,因为这时有

$$S_n = \frac{n-1}{n}S_{n-2} = \frac{n-1}{n}\cdot\frac{n-3}{n-2}\cdot\cdots\cdot\frac{1}{2}\cdot\frac{\pi}{2}\quad(n=2,4,6,\cdots)$$

因此椭圆周长的四分之一为

$$Q = a\frac{\pi}{2}\left\{1 - \frac{1}{2}\varepsilon^2\frac{1}{2} - \frac{1}{2\cdot4}\varepsilon^4\frac{1\cdot3}{2\cdot4} - \frac{1\cdot3}{2\cdot4\cdot6}\varepsilon^6\frac{1\cdot3\cdot5}{2\cdot4\cdot6} - \cdots\right\}$$

椭圆周长为

$$U = 2\pi a\left\{1 - \left(\frac{1}{2}\right)^2\varepsilon^2 - \left(\frac{1\cdot3}{2\cdot4}\right)^2\frac{\varepsilon^4}{3} - \left(\frac{1\cdot3\cdot5}{2\cdot4\cdot6}\right)^2\frac{\varepsilon^6}{5} - \cdots\right\}$$

$$= 2\pi a\left\{1 - \frac{1}{4}\varepsilon^2 - \frac{3}{64}\varepsilon^4 - \frac{5}{256}\varepsilon^6 - \frac{175}{16\,384}\varepsilon^8 - \cdots\right\}$$

若 $b\to a$,$\varepsilon\to0$,圆周的长就等于 $2\pi a$.

7. 一个很精确的椭圆周长的近似公式是

$$U \approx \pi\left(3\cdot\frac{a+b}{2} - \sqrt{ab}\right)$$

证明　因为

$$\frac{a+b}{2} = a\frac{1+\sqrt{1-\varepsilon^2}}{2}$$

$$= a\left(1 - \frac{1}{4}\varepsilon^2 - \frac{4}{64}\varepsilon^4 - \frac{8}{256}\varepsilon^6 - \frac{320}{16\,384}\varepsilon^8 - \cdots\right)$$

$$\sqrt{ab} = a\sqrt[4]{1-\varepsilon^2}$$

$$= a\left(1 - \frac{1}{4}\varepsilon^2 - \frac{6}{64}\varepsilon^4 - \frac{14}{256}\varepsilon^6 - \frac{616}{16\,384}\varepsilon^8 - \cdots\right)$$

所以

$$3\frac{a+b}{2} - \sqrt{ab}$$

$$= 2a\left(1 - \frac{1}{4}\varepsilon^2 - \frac{3}{64}\varepsilon^4 - \frac{5}{256}\varepsilon^6 - \frac{172}{16\,384}\varepsilon^8 - \cdots\right)$$

于是与 U 的级数展开式相比较, 误差是 $\dfrac{3}{16\,384}\varepsilon^8$.

注 像在大地测量学里, 就可用上述公式来计算子午线的长. 地球的形状是不规则的, 而且也不完全是刚体. 在大地测量学里, 把它当作是一个确定的、大小形状与它相当接近的旋转椭球体. 若采用贝塞尔椭球体[①], 它的半轴是

$$a = 6\,377\,397.155 \text{ m(赤道半径)}$$

$$b = 6\,356\,078.96 \text{ m(极半轴)}$$

由此得到偏心率的平方为 $\varepsilon^2 = 0.006\,674\,37\cdots$, 扁率

$$\alpha = \frac{a-b}{a} = 0.003\,342\,77 \approx \frac{1}{300} \text{ 及四分之一子午线的}$$

---

① 除了采用贝塞尔(Bessel)椭球体外, 还可采用克拉索夫斯基(Krasovski)椭球体, 它的长半轴(即赤道半径)为 $a = 6\,378\,245$ m, 扁率为 1/298.3.

长 = 10 000 855.77 m. 实地测得的子午线的长是随轴截面及时间而异的, 但它与这样算得的值相差是微小的.

8. **双纽线的弧长**　由双纽线的方程 $r^2 = 2a^2\cos 2\varphi$ 得到 $r^2 + r'^2 = \dfrac{4a^4}{r^2} = \dfrac{2a^2}{\cos 2\varphi}$, 其中 $0 \leqslant \varphi < \dfrac{\pi}{4}$. 于是

$$s = \int_0^\varphi \sqrt{r^2 + r'^2}\, \mathrm{d}\varphi = a\sqrt{2}\int_0^\varphi \frac{\mathrm{d}\varphi}{\sqrt{\cos 2\varphi}}$$

$$= a\sqrt{2}\int_0^\varphi \frac{\mathrm{d}\varphi}{\sqrt{1 - 2\sin^2\varphi}}$$

这个积分与刚才讨论的关于椭圆弧长的积分类似. 但是这里不可能有相应的级数展式, 因为在根号下的 $2\sin^2\varphi$ 可以任意接近于 1. 于是令

$$\cos 2\varphi = \cos^2\psi, \quad 0 \leqslant \varphi < \frac{\pi}{4}$$

$$\sin 2\varphi\, \mathrm{d}\varphi = \sin\psi\cos\psi\, \mathrm{d}\psi$$

则

$$s = a\sqrt{2}\int_0^\psi \frac{\sin\psi}{\sqrt{1 - \cos^4\psi}} = \mathrm{d}\psi$$

$$= a\sqrt{2}\int_0^\psi \frac{\mathrm{d}\psi}{\sqrt{1 + \cos^2\psi}} = a\int_0^\psi \frac{\mathrm{d}\psi}{\sqrt{1 - \dfrac{1}{2}\sin^2\psi}}$$

这个积分也不能用初等函数来表达, 但是就像以上所述, 可以用级数展开式来计算. 第一象限部分 $\left(\text{这时 } \varphi = \dfrac{\pi}{4}, \psi = \dfrac{\pi}{2}\right)$ 的弧长是 $Q = 1.854\ 1 \cdot a$.

9. 在第 6 与第 8 小节所遇到的积分都是椭圆积

分. 这种积分的一般形式是

$$\int R(x, \sqrt{a + bx + cx^2 + dx^3 + ex^4})\,dx$$

其中 R 对变量 x 及对 x 的三次或四次的根式而言, 是一个有理函数. 我们把

$$\int_0^x \frac{dx}{\sqrt{(1 - x^2)(1 - k^2 x^2)}} = \int_0^\varphi \frac{d\varphi}{\sqrt{1 - k^2 \sin^2 \varphi}} = F(\varphi, k)$$

叫作第一类椭圆积分, 其中从第一个积分推到第二个是利用变换 $x = \sin \varphi$ 的. 我们把

$$\int_0^x \frac{(1 - k^2 x^2)\,dx}{\sqrt{(1 - x^2)(1 - k^2 x^2)}} = \int_0^\varphi \sqrt{1 - k^2 \sin^2 \varphi}\,d\varphi = E(\varphi, k)$$

叫作第二类椭圆积分, 又把

$$\int_0^x \frac{dx}{(x - a)\sqrt{(1 - x^2)(1 - k^2 x^2)}}$$

叫作第三类椭圆积分.

　　每一个椭圆积分都可以经过适当的置换用这三个正规椭圆积分来表示. 为了尽快求出对应于不同"辐角" φ 与"模数" k 的积分值, 人们编出了函数 F 与 E 的数值表. 利用这些记号, 椭圆弧长等于 $aE(\varphi, \varepsilon)$, 双纽线的弧长等于 $a\sqrt{2}\,F(\varphi, \sqrt{2})$ 或者等于 $aF\left(\psi, \sqrt{\dfrac{1}{2}}\right)$, 其中 $\cos \psi = \sqrt{\cos 2\varphi}$. 相应的四分之一周长各是 $aE\left(\dfrac{\pi}{2}, \varepsilon\right)$ 及 $aF\left(\dfrac{\pi}{2}, \sqrt{\dfrac{1}{2}}\right)$.

　　10. 积分 $J_m = \displaystyle\int_0^\infty \frac{x^m\,dm}{e^x - 1}$　这个积分当 m 为大于

或等于 1 的整数时是存在的. 现在设 m 是大于 0 的任意实数. 容易证明下面的分解式是成立的

$$J_m = \sum_{\lambda=1}^{k} \int_0^\infty x^m e^{-\lambda x} dx + \int_0^\infty \frac{x^m e^{-kx}}{e^x - 1} dx$$

但是

$$\int_0^\infty x^m e^{-\lambda x} dx = \frac{\Pi(m)}{\lambda^{m+1}}$$

其中 $\Pi(m)$ 是高斯 π 函数; 为了证明, 只要令 $\lambda x = z$ 就可以了. 所以在上述 J_m 的公式中, 右端的前 k 个积分都有了定义.

至于最后一个积分, 考虑 (§3 式(3))

$$\frac{x}{e^x - 1} = \frac{x}{x + \frac{x^2}{2!} + \frac{x^3}{3!} + \cdots} = \frac{1}{1 + \frac{x}{2!} + \frac{x^2}{3!} + \cdots} = \rho(x)$$

且当 $x > 0$ 时 $\rho < 1$, 当 $x \to 0$ 时 $\rho \to 1$, 所以

$$\int_0^\infty \frac{x^m e^{-kx}}{e^x - 1} dx < \int_0^\infty x^{m-1} e^{-kx} dx = \frac{\Pi(m-1)}{k^m}$$

所以在上述 J_m 的公式里的最后一个积分也是存在的, 于是 J_m 本身也存在, 且有

$$0 < J_m - \Pi(m) \sum_{\lambda=1}^{k} \frac{1}{\lambda^{m+1}} < \frac{\Pi(m-1)}{k^m}$$

当 $k \to \infty$, 由于 $m > 0$, 右端趋于 0, 所以

$$J_m = \Pi(m) \sum_{\lambda=1}^{\infty} \frac{1}{\lambda^{m+1}} = \Pi(m) \cdot \zeta(m+1)$$

其中 $\zeta(m+1)$ 是黎曼 ζ 函数 (§1).

当 $m = 1$ 及 $m = 3$, 按 §5 式(6) 及式(12), 有

$$\int_0^\infty \frac{x\, dx}{e^x - 1} = \frac{\pi^2}{6}, \quad \int_0^\infty \frac{x^3\, dx}{e^x - 1} = \frac{\pi^4}{15}$$

§7 幂级数的应用(积)·复变数幂级数 广义积分与级数

1. 复数项级数 定义 在每一项都是复数 $a_n = \alpha_n + i\beta_n$ 的级数 $a_1 + a_2 + a_3 + \cdots$ 中,若实数项级数 $\alpha_1 + \alpha_2 + \alpha_3 + \cdots$ 与 $\beta_1 + \beta_2 + \beta_3 + \cdots$ 收敛于和 α 与 β,则说 $a_1 + a_2 + a_3 + \cdots = (\alpha_1 + i\beta_1) + (\alpha_2 + i\beta_2) + (\alpha_3 + i\beta_3) + \cdots$ 收敛,且和为 $\alpha + i\beta$.

定理 若复数项级数的各项取绝对值所成的级数收敛,则复数项级数也收敛.

证明 由 $|a_n| = |\alpha_n + i\beta_n| = \sqrt{\alpha_n^2 + \beta_n^2}$ 得到 $|\alpha_n| \leqslant |a_n|$ 及 $|\beta_n| \leqslant |a_n|$. 于是根据假设,收敛的实数项级数 $\sum |a_n|$ 是级数 $\sum |\alpha_n|$ 与 $\sum |\beta_n|$ 的优级数. 因此 $\sum \alpha_n$ 与 $\sum \beta_n$ 收敛($\S 1$),即 $\sum a_n$ 也收敛.

2. 例 设 $z = x + iy$ 是一个复变数. 因为当 $|z| < 1$ 时级数

$$1 + |z| + |z^2| + |z^3| + \cdots$$

或(因为 $|z^n| = |z|^n$)

$$1 + |z| + |z|^2 + |z|^3 + \cdots$$

是收敛的,且和等于 $\dfrac{1}{1 - |z|}$,所以几何级数 $G(z) = 1 + z + z^2 + z^3 + \cdots$ 当 $|z| < 1$ 时也收敛,且有

$$G(z) = \frac{1}{1 - z} = \frac{(1 - x) + iy}{(1 - x)^2 + y^2}$$

若是 $\varphi = \text{arc}(z)$，则 $\varphi = \text{arc}(z^n)$，矢量和 $1 + z + z^2 + \cdots + z^n$ 是由一个接一个的矢量所组成的多边形的闭合边，这些矢量中任意相邻两个之间的夹角均是 φ，而它们的长度的比是一个固定的值 $|z|$. 但是只有当 $|z| < 1$ 时，折线段的终点才趋于一个确定的点，即点 $\dfrac{1}{1-z}$（图 10）.

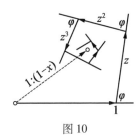

图 10

收敛条件 $|z| < 1$ 的意思是：只有 z（复）平面上以原点为中心的单位圆（这个圆叫作收敛圆）内的点，这个几何级数才收敛. 若令 $|z| = r, 0 < r < 1$，由

$$\frac{1}{1-z} = 1 : (1 - re^{i\varphi}) = \frac{1 - r\cos\varphi + i r\sin\varphi}{1 - 2r\cos\varphi + r^2}$$

按实部与虚部分开得（$0 < r < 1$）

$$1 + r\cos\varphi + r^2\cos 2\varphi + \cdots = \frac{1 - r\cos\varphi}{1 - 2r\cos\varphi + r^2} \quad (1)$$

$$r\sin\varphi + r^2\sin 2\varphi + \cdots = \frac{r\sin\varphi}{1 - 2r\cos\varphi + r^2} \quad (2)$$

这是两个值得注意的三角级数. 当 $r \to 1 - 0, \varphi \neq 0$ 时，右端趋于值 $\dfrac{1}{2}$ 与 $\dfrac{1}{2}\cot\dfrac{\varphi}{2}$，所以有

$$\lim_{r \to 1-0}(1 + re^{i\varphi} + r^2 e^{2i\varphi} + \cdots) = \frac{1}{2} + \frac{i}{2}\cot\frac{\varphi}{2} \quad (\varphi \neq 0)$$

103

它的几何意义是:当矢量 z 的长与 1 之差越小,图 11 中由矢量组成的折线段就越向一个以 $\frac{1}{2}$ 为横坐标的收敛点接近. 图 11 表示的是 $z = 0.9\mathrm{i}$ 的情形 $\left(r = 0.9, \varphi = \frac{\pi}{2},$ 收敛点为 $0.55 + 0.497\mathrm{i}\right)$. 但是在这个级数里不能令 $r = 1$,因为此时它不再收敛;此时,由矢量组成的折线段的角点都在一个圆周上.

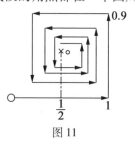

图 11

3. **例** 级数 $E(z) = 1 + \dfrac{z}{1!} + \dfrac{z^2}{2!} + \cdots$ 对于每一个复数值 z 均收敛,因为 $1 + \dfrac{|z|}{1!} + \dfrac{|z|^2}{2!} + \cdots$ 对于一切值 $|z|$ 收敛于和 $\mathrm{e}^{|z|}$,要确定这个和 $E(z) = E(x + \mathrm{i}y)$,首先有

$$E(x) = 1 + \frac{x}{1!} + \frac{x^2}{2!} + \frac{x^3}{3!} + \cdots = \mathrm{e}^x$$

其次有

$$E(\mathrm{i}y) = 1 + \mathrm{i}\frac{y}{1!} - \frac{y^2}{2!} - \mathrm{i}\frac{y^3}{3!} + \frac{y^4}{4!} + \mathrm{i}\frac{y^5}{5!} - \frac{y^6}{6!} - \mathrm{i}\frac{y^7}{7!} + \cdots$$

$$= 1 - \frac{y^2}{2!} + \frac{y^4}{4!} - \frac{y^6}{6!} + \cdots + \mathrm{i}\left(\frac{y}{1!} - \frac{y^3}{3!} + \frac{y^5}{5!} - \cdots\right)$$

$$= \cos y + \mathrm{i}\sin y = \mathrm{e}^{\mathrm{i}y}$$

最后按照 §1 中的级数乘法定理(在这里也是可以应

104

用的),有

$$E(x) \cdot E(iy) = 1 + \frac{x + iy}{1!} + \frac{x^2 + 2ixy - y^2}{2!} + \cdots$$

$$= 1 + \frac{z}{1!} + \frac{z^2}{2!} + \cdots = E(z)$$

所以

$$E(z) = e^x \cdot e^{iy} = e^{x+iy} = e^z$$

注　其他初等函数的幂级数对于复变数 z 也是适用的. 可以证明,每一个在 $z = z_0$ 的邻域内解析的复变函数 $f(z)$,能够按 $z - z_0$ 的乘幂展开成级数,且所得的幂级数在一个圆内收敛,这个圆的中心是 z_0,而圆周通过离 z_0 最近的使函数 $f(z)$ 不再解析的点,例如(§3)

$$\arctan z = \frac{z}{1} - \frac{z^3}{3} + \frac{z^5}{5} - \cdots \quad (|z| < 1)$$

这个幂级数在 z 平面上单位圆 $|z| < 1$ 内的一切点处均收敛,因为 $(\arctan z)' = \dfrac{1}{1 + z^2}$,当 $z = \pm i$ 时不连续.

4. 广义积分与级数　无穷级数与广义定积分之间的关系,可用下面的定理来表达:若对于一切 $x > a$, $f(x)$ 连续、正值且单调递减,则积分

$$\int_a^\infty f(x) \, dx = \lim_{b \to \infty} \int_a^b f(x) \, dx$$

随无穷级数

$$f(1) + f(2) + f(3) + \cdots = \lim_{n \to \infty} \sum_{\lambda = 1}^n f(\lambda)$$

的收敛或发散而有或没有确定的有限值.

证明　若用 $p + 1$ 个分点 $x = n, n + 1, n + 2, \cdots, n + p$ 把有限区间 (a, b) 分开,其中 $b > a, n$ 是大于 a 而

最接近 a 的整数, $n+p$ 是小于 b 而最接近 b 的整数,
则(图 12)

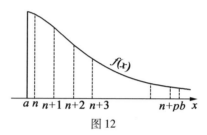

图 12

$$\int_a^b f(x)\,\mathrm{d}x = \int_a^n + \int_n^{n+1} + \int_{n+1}^{n+2} + \cdots + \int_{n+p-1}^{n+p} + \int_{n+p}^b$$

根据中值定理,若 $\xi_a,\xi_1,\xi_2,\cdots,\xi_p,\xi_b$ 是诸子区间的中
值点,则有

$$\int_a^b f(x)\,\mathrm{d}x = A + f(\xi_1) + f(\xi_2) + \cdots + f(\xi_p) + R$$

其中设

$$A = (n-a)f(\xi_a), R = (b-(n+p))f(\xi_b)$$

但是由于 $f(x)$ 是单调的,当 $\lambda = 1,2,\cdots,p$ 时,有

$$f(n+\lambda) < f(\xi_\lambda) < f(n+\lambda-1)$$

于是把上述等式右端增大或缩小,得到

$$\int_a^b f(x)\,\mathrm{d}x < A + f(n) + f(n+1) + \cdots + f(n+p-1) + R$$

$$(1)$$

$$\int_a^b f(x)\,\mathrm{d}x > A + f(n+1) + f(n+2) + \cdots + f(n+p) + R$$

$$(2)$$

而 $b-(n+p)$ 是最后一个子区间的长,按假设它小于 1,又
$f(\xi_b) < f(n+p)$,所以有

$$0 < R < f(n+p)$$

于是更可有

$$\int_a^b f(x)\,\mathrm{d}x < A + f(n) + f(n+1) + \cdots + f(n+p) \quad (3)$$

$$\int_a^b f(x)\,\mathrm{d}x > A + f(n+1) + f(n+2) + \cdots + f(n+p)$$

$$(4)$$

当 $b \to \infty$，也就是 $p \to \infty$ 时，右端（个数有限的前几项是否包括在内没有关系）成为级数

$$f(1) + f(2) + f(3) + \cdots$$

若这个级数收敛，即若 $\lim\limits_{p \to \infty}(f(n) + f(n+1) + \cdots + f(n+p))$ 是有限的，则按不等式（3），广义积分 $\lim\limits_{b \to \infty}\int_a^b f(x)\,\mathrm{d}x$ 确实存在. 但若级数不收敛，即若

$$f(n+1) + f(n+2) + \cdots + f(n+p)$$

随 p 而无限增大，则按式（4），积分也随 b 而无限增大.

推论　若在原不等式（1）与（2）中令 $a = n, b = n+p$，于是 $\xi_a = n, \xi_b = n+p$，则数 A 与 R 均为零，乃得

$$\int_n^{n+p} f(x)\,\mathrm{d}x < f(n) + f(n+1) + \cdots + f(n+p-1)$$

$$\int_n^{n+p} f(x)\,\mathrm{d}x > f(n+1) + \cdots + f(n+p-1) + f(n+p)$$

由于 $f(x) > 0$

$$\int_n^{n+p} f(x)\,\mathrm{d}x + f(n+p) < f(n) + f(n+1) + \cdots + f(n+p)$$

$$< \int_n^{n+p} f(x)\,\mathrm{d}x + f(n)$$

现若令整数 n 与 p 任意地无限增大，且这个积分的极

限存在,在补充假设 $\lim\limits_{x\to\infty}f(x)=0$ 之后,从上面的不等式得到值得注意的公式

$$\lim\limits_{(n,p)\to\infty}(f(n)+f(n+1)+\cdots+f(n+p))$$
$$=\lim\limits_{(n,p)\to\infty}\int_n^{n+p}f(x)\,\mathrm{d}x \tag{3}$$

例如,函数 $f(x)=\dfrac{1}{x}$,当 $x>0$ 时就满足所有的条件,有

$$\lim\limits_{(n,p)\to\infty}\left[\frac{1}{n}+\frac{1}{n+1}+\cdots+\frac{1}{n+p}\right]=\lim\limits_{(n,p)\to\infty}\ln\left(1+\frac{p}{n}\right) \tag{4}$$

于是,譬如说,令 p 与 n 如此增大,使 $\dfrac{p}{n}$ 总等于常数 $k-1(k>1)$,就有

$$\lim\limits_{n\to\infty}\left[\frac{1}{n}+\frac{1}{n+1}+\frac{1}{n+2}+\cdots+\frac{1}{k\cdot n}\right]=\ln k \tag{5}$$

5. 对数积分①

$$\mathrm{Li}(x)=\int_0^x\frac{\mathrm{d}x}{\ln x} \tag{6}$$

这个广义积分当 $0<x<1$ 时确实是存在的. 若令 $x=\mathrm{e}^{-u}$,则有

$$\mathrm{Li}(\mathrm{e}^{-u})=\int_\infty^u\frac{\mathrm{e}^{-u}\mathrm{d}u}{u} \quad (u>0) \tag{7}$$

令

$$\frac{\mathrm{e}^{-u}}{u}=\frac{1}{u}-1+\frac{u}{2!}-\frac{u^2}{3!}+\frac{u^3}{4!}-\cdots \quad (u\neq0) \tag{8}$$

所以当 $u>0$ 时得

---

① Li 是对数积分的记号.

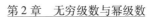

$$\mathrm{Li}(\mathrm{e}^{-u}) = \ln u - u + \frac{u^2}{2! \cdot 2} - \frac{u^3}{3! \cdot 3} + \frac{u^4}{4! \cdot 4} - \cdots + C$$

$$(9)$$

其中

$$C = -\lim_{u \to \infty}\left\{\ln u - u + \frac{u^2}{2! \cdot 2} - \frac{u^3}{3! \cdot 3} + \cdots\right\} \quad (10)$$

要计算极限值 C，可以这样做：因我们有（按 z 的乘幂的展开式）

$$\int_0^1 \frac{1 - \mathrm{e}^{-uz}}{z}\mathrm{d}z = u - \frac{u^2}{2! \cdot 2} + \frac{u^3}{3! \cdot 3} - \frac{u^4}{4! \cdot 4} + \cdots$$

其次有等式

$$\int_0^1 \frac{1 - \mathrm{e}^{-uz}}{z}\mathrm{d}z = \int_0^1 \frac{1 - (1 - z)^u}{z}\mathrm{d}z - \int_0^1 \frac{\mathrm{e}^{-uz} - (1 - z)^u}{z}\mathrm{d}z$$

当 $n \to \infty$，后一个积分中的分子当 $0 \leqslant z \leqslant 1$ 时趋于 0，这个积分本身可以进一步证明也趋于 0.

所以

$$C = \lim_{n \to \infty}\left\{\int_0^1 \frac{1 - (1 - z)^u}{z}\mathrm{d}z - \ln u\right\}$$

若再设 $1 - z = t$，当 u 是一正整数，积分就成为

$$\int_0^1 \frac{1 - t^u}{1 - t}\mathrm{d}t = \int_0^1 (1 + t + t^2 + \cdots + t^{u-1})\mathrm{d}t$$

$$= 1 + \frac{1}{2} + \frac{1}{3} + \cdots + \frac{1}{u}$$

但是在取 $u \to \infty$ 的极限时，我们只要让 u 通过正整数而趋于∞就可以了，因为按式(10)极限值必然存在而且是唯一的，所以

$$C = \lim_{n \to \infty}\left\{1 + \frac{1}{2} + \frac{1}{3} + \cdots + \frac{1}{n} - \ln n\right\} \quad (11)$$

这个结果很值得注意,因为我们知道,调和级数 $1 + \frac{1}{2} + \frac{1}{3} + \cdots$ 是发散的($\S 1$). $\ln n$ 也随 n 的增大而趋于无穷,可是下面的式子却是收敛的

$$1 + \frac{1}{2} + \frac{1}{3} + \cdots + \frac{1}{n} - \ln n \to C \approx 0.577\ 215\ 665$$

这个数是用收敛较快的收敛级数算出来的(这个数叫作欧拉常数).

6. 斯特林[①]公式　由对数级数($\S 3$)有

$$\ln \frac{1+x}{1-x} = 2\left(\frac{x}{1} + \frac{x^3}{3} + \frac{x^5}{5} + \cdots \right) \quad (|x| < 1)$$

当 $x = 1 : (2n+1)$,其中 n 是正整数时,就有

$$\ln\left(1 + \frac{1}{n}\right) = 2\left(\frac{1}{2n+1} + \frac{1}{3(2n+1)^3} + \frac{1}{5(2n+1)^5} + \cdots \right)$$

所以

$$1 < \left(n + \frac{1}{2}\right)\ln\left(1 + \frac{1}{n}\right)$$

$$= 1 + \frac{1}{3(2n+1)^2} + \frac{1}{5(2n+1)^4} + \cdots$$

$$< 1 + \frac{1}{3}\left(\frac{1}{(2n+1)^2} + \frac{1}{(2n+1)^4} + \cdots \right)$$

$$= 1 + \frac{1}{12n(n+1)}$$

化成指数函数,就有

$$e < \left(1 + \frac{1}{n}\right)^{n + \frac{1}{2}} < e^{1 + 1 : 12n(n+1)} \tag{12}$$

---

① 斯特林(Stirling, 1696—1770),英国数学家.

今考虑正数

$$a_n = n!\ \mathrm{e}^n : n^{n+\frac{1}{2}} \quad (n = 1, 2, 3, \cdots) \qquad (13)$$

商

$$a_n : a_{n+1} = \mathrm{e}^{-1}\left(1 + \frac{1}{n}\right)^{n+\frac{1}{2}}$$

据式 (12) 应大于 1 而小于 $\mathrm{e}^{1:12n(n+1)}$, 所以一方面 a_n 随 n 的增大而单调递减, 又因为所有的 a_n 均大于 0, 所以当 $n \to \infty$ 时, 它渐减地趋于一个确定的极限值

$$a = \lim_{n \to \infty} a_n$$

另一方面有

$$a_n \mathrm{e}^{-1:12n} < a_{n+1} \mathrm{e}^{-1:12(n+1)}$$

所以数列 $a_n \mathrm{e}^{-1:12n}$ 单调增大, 且当 $n \to \infty$ 时也趋于极限值 a, 只是渐增地趋近. 因此

$$a_n \mathrm{e}^{-1:12n} < a < a_n$$

或

$$a = a_n \mathrm{e}^{-\theta:12n} \quad (0 < \theta = \theta(n) < 1) \qquad (14)$$

或由式 (13) 得

$$n! = a n^{n+\frac{1}{2}} \mathrm{e}^{-n+\theta:12n} \qquad (15)$$

要算出极限值 a, 可以利用公式

$$\sqrt{\pi} = \lim_{n \to \infty} \frac{2^{2n}(n!)^2}{(2n)!\ \sqrt{n}}$$

把关于 $n!$ 的式 (15) 代入, 并且用 $2n$ 去代换 n, 把所得的关于 $(2n)!$ 的式子也代入, 其中 $\theta = \theta(n)$ 换成 $\theta' = \theta(2n)$. 就得到

$$\sqrt{\pi} = \frac{a}{\sqrt{2}} \lim_{n \to \infty} \mathrm{e}^{\theta:6n - \theta':24n}$$

但是因为 $0 < \theta < 1$ 及 $0 < \theta' < 1$，所以指数表达式收敛于 1，于是

$$a = \sqrt{2}\,\pi$$

因为式子 $\theta : 12n$ 确是收敛于 0 的，所以由式 (15) 得

$$\lim_{n \to \infty} \frac{n!}{\sqrt{2\pi n}\, n^n \mathrm{e}^{-n}} = 1 \qquad (16)$$

在实际应用中，对于大数 n，我们可以不用这个公式而把公式 (15) 写作渐近近似公式

$$n! = \sqrt{2\pi n}\, n^n \mathrm{e}^{-n+\theta : 12n} \sim \sqrt{2\pi n}\, n^n \mathrm{e}^{-n} \qquad (17)$$

这就是斯特林公式；这特别在统计学与概率论里是重要的，因为它可用来近似算出 $n!$，例如

$$1\,000! \approx 4.089\,1 \cdot 10^{2\,567}$$

$$1\,000\,000! \approx 2.506 \cdot 10^{5\,565\,718}$$

而要用十进位数字写出这些数几乎是不可能的.

§8　§5 至 §7 的练习题

1. 利用斯特林公式算出

$$\lim_{x \to \infty} \left\{ \frac{(x!)^3}{(x-p)!\,(x+p)!} \right\}$$

其中 p 是常数（x, p 都是正整数）.

解　1.

2. 同上题，算出

$$\lim_{x \to \infty} \sqrt[n]{\frac{p!\,x!}{(x+p)!}}$$

解　1.

3. 设当 $0 < x < 2\pi$ 时，$f(x) = e^x$，且 $f(x + 2\pi) = f(x)$．试把 $f(x)$ 展开为傅里叶级数．

解

$$f(x) = \frac{e^{2\pi} - 1}{\pi}\left(\frac{1}{2} + \sum_{\lambda=1}^{\infty} \frac{\cos \lambda x}{1 + \lambda^2} - \sum_{\lambda=1}^{\infty} \frac{\lambda \sin \lambda x}{1 + \lambda^2}\right)$$

这个级数当 $0 < \alpha \leqslant x \leqslant \beta < 2\pi$ 时一致收敛．

4. 试利用级数展开法计算 $\int_0^1 \ln(1 + x)\, \frac{\mathrm{d}x}{x}$．

解　$\dfrac{\pi^2}{12}$；可利用 §5，§6 所导出的级数来计算．

5. 问 $1 + \dfrac{\cos z}{1!} + \dfrac{\cos 2z}{2!} + \dfrac{\cos 3z}{3!} + \cdots$ 与 $\dfrac{\sin z}{1!} + \dfrac{\sin 2z}{2!} + \dfrac{\sin 3z}{3!} + \cdots$ 各为多少？

解　这两个级数对于一切 z 均收敛．若 $c(z)$ 与 $s(z)$ 是它们的和，则作

$$c(z) + \mathrm{i}s(z) = \exp(e^{\mathrm{i}z})$$

从而得到

$$c(z) = \exp(\cos z) \cdot \cos(\sin z)$$

$$s(z) = \exp(\cos z) \cdot \sin(\sin z)$$

6. 试计算正弦曲线从 $x = 0$ 量起的弧长．

解

$$s = \int_0^x \sqrt{1 + \cos^2 x}\,\mathrm{d}x = \sqrt{2}\int_0^x \sqrt{1 - \frac{1}{2}\sin^2 x}\,\mathrm{d}x$$

$$= \sqrt{2}\,E\left(x, \frac{1}{2}\sqrt{2}\right)$$

7. 试证 $\displaystyle\int_0^{\frac{\pi}{2}} \frac{\mathrm{d}x}{\sqrt{\sin x}} = \sqrt{2}\, F\!\left(\frac{1}{2}\pi, \frac{1}{2}\sqrt{2}\right)$.

提示：令 $\sin x = \cos^2 \varphi$.

8. 试把双纽线积分 $\displaystyle\int_0^z \frac{\mathrm{d}z}{\sqrt{1-z^4}}$ 用 $z = \tan \varphi$ 化成椭圆积分.

解 $F(\varphi, \sqrt{2}) = F(\arctan z, \sqrt{2})$.

9. 试证 $\dfrac{\pi^2}{8} = \dfrac{1}{1^2} + \dfrac{1}{3^2} + \dfrac{1}{5^2} + \cdots;\ \dfrac{\pi^2}{24} = \dfrac{1}{2^2} + \dfrac{1}{4^2} + \dfrac{1}{6^2} + \cdots$.

10. 一条平面弧段，两端点之间的跨度为 $2l$，高为 h，试证弧长的近似公式为

$$s \approx 2l + \frac{4}{3}\frac{h^2}{l}$$

解 按 §6，有 $y = \dfrac{1}{2}kx^2 + \cdots$，所以

$$s = 2\int_0^l \sqrt{1 + y'^2}\,\mathrm{d}x = 2l + k^2\frac{l^3}{3} + \cdots$$

又由 $h = \dfrac{1}{2}kl^2 + \cdots$ 就得到命题.

第三编

级 数 问 题

级数问题的例

第 3 章

问题 1 问 a 取什么实数值,下列级数 $\sum a_n$ 是收敛的?

$(1)\, a_n = \dfrac{n^a}{n!}$; $(2)\, a_n = \sqrt[n]{a} - 1$.

解 $(1)\, a_n = \dfrac{n^a}{n!}$.

商(即比值)判别法

$$\left| \frac{a_{n+1}}{a_n} \right| = \frac{(n+1)^a}{(n+1)!} \cdot \frac{n!}{n^a}$$

$$= \frac{\left(1+\dfrac{1}{n}\right)^a}{n+1} \begin{cases} < \dfrac{2^a}{n+1}, & a \geq 0 \\[3mm] < \dfrac{1}{n+1}, & a < 0 \end{cases}$$

当 $n > n_a$ 时,$\dfrac{2^a}{n+1} \leq q < 1$.

当 $n \geq 1$ 时,$\dfrac{1}{n+1} \leq q < 1$.

这就是说,对于一切 a,级数是收敛的.

(2) 作为工具,来证明两个不等式:

①当 $0 \leq b \leq 1$ 时,有

$$\sqrt[n]{1+b} \geq 1 + \frac{b}{2n} \geq 0$$

$$0 \leq \left(1 + \frac{b}{2n}\right)^n = \sum_{k=0}^{n} \left(\frac{b}{2n}\right)^k \binom{n}{k}$$

$$= \sum_{k=0}^{n} \left(\frac{b}{2n}\right)^k \frac{n(n-1)\cdots(n-k+1)}{k!}$$

$$\leq 1 + \frac{b}{2} + b^2 \sum_{k=2}^{n} \frac{1}{2^k} \frac{n(n-1)\cdots(n-k+1)}{n \cdot n \cdots n} \cdot \frac{1}{k!}$$

$$\leq 1 + \frac{b}{2} + b^2 \sum_{k=2}^{\infty} \frac{1}{2^n}$$

$$= 1 + \frac{b}{2} + \frac{b^2}{2} \leq 1 + b$$

最后一个不等式是成立的,因为 $b \leq 1$. 从而,由于 n 次开根的单调性,推得所断定的不等式.

②对于 $0 \leq b < 1$,有

$$\sqrt[n]{1-b} \leq 1 - \frac{b}{2n}$$

$$\left(1 - \frac{b}{2n}\right)^n = 1 - \frac{b}{2} + \sum_{k=2}^{n} (-1)^k \left(\frac{b}{2n}\right)^k \binom{n}{k}$$

$$= 1 - \frac{b}{2} + \sum_{k=2}^{n} c_k$$

其中加项 $c_k = (-1)^k \left(\frac{b}{2n}\right)^k \binom{n}{k}$ 是交错的,而且是单调递减的,因为,由 $2 \leq k \leq n$,有

$$\left|\frac{c_{k+1}}{c_k}\right| = \frac{b \cdot (n-k)}{(k+1) \cdot 2n} < \frac{bn}{3 \cdot 2n} < 1$$

所以,按照交错级数的莱布尼茨估式,有

$$\left(1 - \frac{b}{2n}\right)^n \geqslant 1 - \frac{b}{2} > 1 - b \geqslant 0$$

从而,同样由于 n 次开根的单调性,推得第二个所要证的不等式.

敛散性的研究:$a_n = \sqrt[n]{a} - 1$.

$a > 1$:当 $0 < b \leqslant \min\{1, a-1\}$ 时,有 $a_n \geqslant \sqrt[n]{1+b} - 1$.按①有 $a_n \geqslant \frac{b}{2n}$,而 $\frac{b}{2} \sum \frac{1}{n}$ 发散于 ∞,所以当 $a > 1$ 时,$\sum a_n$ 是发散的.

$a = 1$:$\sqrt[n]{a} - 1 = 0$,$\sum a_n = \sum 0$ 是收敛的.

$0 < a < 1$:令 $b = 1 - a$,按②有 $\sqrt[n]{a} - 1 = \sqrt[n]{1-b} - 1 \leqslant 1 - \frac{b}{2n} - 1 = -\frac{b}{2n}$.而 $-\frac{b}{2} \sum \frac{1}{n}$ 发散于 $-\infty$,就是说,当 $0 < a < 1$ 时,$\sum a_n$ 是发散的.

$a = 0$:$\sum (\sqrt[n]{0} - 1) = \sum_{n \in \mathbf{N}} (-1)$,发散.

$a < 0$:$\sqrt[n]{a}$ 没有意义.

问题 2　试证:$\sum a_n$ 收敛,并确定级数的极限值①:

$(1) a_n = \frac{1}{n(n+1)}$;　$(2) a_n = \frac{(-1)^n(2n+1)}{n(n+1)}$.

解　在这两种情形中,把部分和 s_k 用封闭的公式来表示,然后算出 $\lim_{n \to \infty} s_k$ 就够了.

$(1) \sum_{n=1}^{\infty} \frac{1}{n(n+1)} = 1$;因为

———————

① 通常,我们说作级数的和.

$$s_k = \sum_{n=1}^{k} \frac{1}{n(n+1)} = \sum_{n=1}^{k} \left(\frac{1}{n} - \frac{1}{n+1} \right) = 1 - \frac{1}{1+k}$$

以及

$$\lim_{k \to \infty} s_k = \lim_{k \to \infty} \left(1 - \frac{1}{k+1} \right) = 1$$

(2) $\sum_{n=1}^{\infty} \frac{(-1)^n (2n+1)}{n(n+1)} = -1$；因为

$$s_k = \sum_{n=1}^{k} \frac{(-1)^n (2n+1)}{n(n+1)}$$

$$= \sum_{n=1}^{k} (-1)^n \left(\frac{1}{n} + \frac{1}{n+1} \right)$$

$$= -1 + (-1)^k \frac{1}{k+1}$$

以及

$$\lim_{k \to \infty} s_k = \lim_{k \to \infty} \left(-1 + (-1)^k \frac{1}{k+1} \right) = -1$$

问题3　试证：如果诸项 a_n 是正的，$\sum a_n$ 收敛，那么 $\sum \sqrt{a_n a_{n+1}}$ 也收敛. 反之，如果诸项 a_n 是正的，$\sum \sqrt{a_n a_{n+1}}$ 收敛，那么 $\sum a_n$ 不必也收敛（作一个这样的例）. 然而，如果诸 a_n 是单调的，那么这个逆命题也成立.

解　（1）设 $\sum a_n$ 是收敛的，其中 $a_n > 0$. 应用算术 – 几何平均值不等式，得到 $0 \leqslant \sqrt{a_n \cdot a_{n+1}} \leqslant \frac{a_n + a_{n+1}}{2}$. 由 $\sum a_n$ 的收敛性得知 $\sum \frac{a_n + a_{n+1}}{2}$ 也收敛，所以级数 $\sum \sqrt{a_n a_{n+1}}$ 有一个收敛的优级数，从而它本

身也是收敛的.

（2）若 $\sum \sqrt{a_n a_{n+1}}$ 收敛，那么 $\sum a_n$ 不必是收敛的. 例如 $a_{2n} = \dfrac{1}{n^4}, a_{2n+1} = n$. $\sum \sqrt{a_n a_{n+1}}$ 是收敛的，因为

$$\sqrt{a_{2n} a_{2n+1}} = \frac{1}{n^{\frac{3}{2}}}$$

$$\sqrt{a_{2n+1} a_{2n+2}} = \sqrt{\frac{n}{(n+1)^4}} \leqslant \sqrt{\frac{n}{n^4}} = \frac{1}{n^{\frac{3}{2}}}$$

可是 $\sum a_n$ 是发散的，因为 $a_{2n+1} \to \infty$（就是说，必要条件 $a_n \to 0$ 不成立）.

（3）设 a_n 是单调的，而 $\sum \sqrt{a_n a_{n+1}}$ 是收敛的，所以 $\sqrt{a_n a_{n+1}} \to 0$. 如果 a_n 单调增加，那么就要有 $\sqrt{a_n a_{n+1}} \geqslant \sqrt{a_n^2} = a_n \geqslant a_1 > 0$，而与 $\sqrt{a_n a_{n+1}}$ 收敛于 0 相矛盾. 所以诸 a_n 是单调减少的. 于是有 $\sqrt{a_n a_{n+1}} \geqslant \sqrt{a_{n+1}^2} = a_{n+1}$，所以 $\sum a_{n+1}$，即 $\sum a_n$ 也是收敛的.

问题 4　柯西凝缩定理：如果 $\sum a_n$ 是一个级数，它的诸项 a_n 是正的、单调减少的，那么恰好当 $\sum\limits_{k=0}^{p} 2^k a_{2^k}$ 是收敛时，$\sum a_n$ 是收敛的.

解　比较级数是优级数：当 $n < 2^{p+1}$，即有

$$s_n = \sum_{v=1}^{n} a_v < \sum_{v=1}^{2^{p+1}-1} a_v = \sum_{k=0}^{p} \sum_{v=2^k}^{2^{k+1}-1} a_k < \sum_{k=0}^{p} 2^k a_{2^k}$$

因为诸项是单调减少的. 按照优级数判别法则，如果

$\sum\limits_{k\geq 0} 2^k a_{2^k}$ 是收敛的,那么 $\sum\limits_{n\geq 1} a_n$ 也是收敛的.

另外,由诸项 a_v 的单调性,当 $n\geq 2^p$ 时,得到不等式

$$\sum_{k=0}^{p} 2^k a_{2^k} = a_1 + \sum_{k=1}^{p} 2^k a_{2^k}$$

$$= a_1 + \sum_{k=1}^{p} \sum_{\mu=0}^{2^k-1} a_{2^k} < a_1 + \sum_{k=1}^{p} \sum_{\mu=0}^{2^k-1} a_{2^{k-1}+\mu}$$

$$= a_1 + \sum_{v=1}^{2^p-1} a_v < a_1 + s_n$$

所以如果 $\sum\limits_{n>1} a_n$ 收敛,则 $\sum\limits_{k\geq 0} 2^k a_{2^k}$ 也收敛.

问题 5 级数 $\sum a_n$ 是非定发散的,且它的一般项 a_n 收敛于 0. 试证:如果 s_n 是 $\sum a_n$ 的部分和,且存在 $\limsup s_n = S$ 及 $\liminf s_n = s$,那么 $[s,S]$ 是数列 $\{s_n\}$ 的凝聚点集合. 如果只有 $\limsup s_n$ 存在,或者只有 $\liminf s_n$ 存在,或者 $\limsup s_n$ 既不存在,$\liminf s_n$ 也不存在,那么数列 s_n 的凝聚点集合依次是这样的实数 x 的集合:$x\leq S, x\geq s$,或者是 $x\in \mathbf{R}$.

解 设数列 $\{s_n\}$ 的凝聚点集合是 H. 我们先来证明:如果 $x\notin H$,那么存在一个 x 的 ε - 邻域,使得或者在 $(-\infty, x-\varepsilon]$,或者在 $[x+\varepsilon, \infty)$ 中至多含有该数列中的有限个元素.因为 $x\notin H$,就存在一个 $\varepsilon>0$,使得 x 的 ε - 邻域不包含任何一个 s_n.因为 a_n 收敛于 0,对于这个 ε,存在一个数 n_0,使得当 $n>n_0$ 时,有 $|a_n|<\varepsilon$.如果现在两个区间 $(-\infty, x-\varepsilon]$ 与 $[x+\varepsilon, \infty)$ 都含有无穷多个元素 s_n,那么就至少有一个 $s_{n_1}\leq x-\varepsilon$,而

$n_1 > n_0$，又至少有一个 s_{n_2}，它有 $x + \varepsilon \geqslant s_{n_2}$，而 $n_2 > n_0$．在这两个数 n_1 , n_2 之间，有一个最大的数 n_3，使得有 $s_{n_3} \in (-\infty, x - \varepsilon)$ 与 $s_{n_3+1} \in [x + \varepsilon, \infty)$，于是就要有 $s_{n_3+1} - s_{n_3} = a_{n_3+1} \geqslant 2\varepsilon$，而这与当 $n > n_0$ 时，有 $|a_n| < \varepsilon$ 相矛盾．

　　借助这个辅助定理，就很容易验证这个论断：H 是非空的，因为否则 $\sum a_n$ 就要是定发散的．如果 H 是上有界的，那么就有——因为一个数列的凝聚点集合总是闭的——$\sup H = \lim \sup s_n = S \in H$．如果 H 也是下有界的，那么，类似地，有 $\inf H = \lim \inf s_n = s \in H$．就是说，$H \subset [s, S]$．把辅助定理应用到任何一个数 $x(s < x < S)$，那么就得到 $x \in H$．以此有 $H = [s, S]$．如果 H 只是上有界，且 $x < S$，那么，当 $\varepsilon < S - x$ 时，在两个区间 $(-\infty, x - \varepsilon)$ 与 $[x + \varepsilon, \infty)$ 中含有数列 $\{s_n\}$ 的无穷多个元素，所以按照辅助定理，$x \in H$．因为已经证明了 $S \in H$，所以有 $(-\infty, S] = H$．如果 H 只是下有界的，那么完全类似地得到 $H = [s, +\infty)$．如果 H 既不是上有界的，也不是下有界的，而 x 是任何一个实数，那么，对于每一个 $\varepsilon > 0$，在这两个区间 $(-\infty, x - \varepsilon]$ 与 $[x + \varepsilon, \infty)$ 中含有数列 $\{s_n\}$ 的无穷多个元素．于是，按照辅助定理，得到 $x \in H$．从而 $H = \mathbf{R}$．

　　问题 6　如果 $\sum a_n$ 收敛，且 $a_n \geqslant 0$，那么当 $a > 1$ 时，$\displaystyle\sum_{n \geqslant 1} \sqrt{\dfrac{a_n}{n^a}}$ 也收敛．

　　提示　作为工具，利用算术 – 几何平均值不等式

$$\frac{c+d}{2} \geqslant \sqrt{c \cdot d}, c, d \geqslant 0$$

解　按照算术 – 几何平均值不等式有 $\left(a_n \geqslant 0, \dfrac{1}{n^a} \geqslant 0\right)$

$$\sqrt{\frac{a_n}{n^a}} = \sqrt{a_n \cdot \frac{1}{n^a}} \leqslant \frac{1}{2}\left(a_n + \frac{1}{n^a}\right)$$

按假设，$\sum a_n$ 收敛，又因为 $a > 1$ 时，$\sum \dfrac{1}{n^a}$ 收敛. 因此，$\dfrac{1}{2}\sum\left(a_n + \dfrac{1}{n^a}\right)$ 也是收敛的，于是，按照比较判定法，$\sum \sqrt{\dfrac{a_n}{n^a}}$ 也是收敛的.

问题 7　试证: 级数 $(\alpha > 0)$

$$1 - \frac{1}{2^\alpha} + \frac{1}{3} - \frac{1}{4^\alpha} + - \cdots + \frac{1}{2n-1} - \frac{1}{(2n)^\alpha} + - \cdots$$

恰恰当 $\alpha = 1$ 时收敛.

解　$(1)\alpha = 1: \sum a_n$ 是交错调和级数 (收敛的).

$(2)\alpha > 1:$ 部分和是

$$s_{2n} = 1 - \frac{1}{2^\alpha} + \frac{1}{3} - \frac{1}{4^\alpha} + - \cdots - \frac{1}{(2n)^\alpha}$$

$$= 1 - \frac{1}{2} + \left(\frac{1}{2} - \frac{1}{2^\alpha}\right) + \frac{1}{3} - \frac{1}{4} + \left(\frac{1}{4} - \frac{1}{4^\alpha}\right) + \cdots +$$

$$\frac{1}{2n-1} - \frac{1}{2n} + \left(\frac{1}{2n} - \frac{1}{(2n)^\alpha}\right)$$

由于 $\alpha > 1, (2k)^{\alpha-1}$ 定发散于 $+\infty$. 所以存在一个数 k_α，使得当 $k > k_\alpha$ 时，有 $\dfrac{(2k)^{\alpha-1}}{2} > 1$. 于是得到

$$\frac{1}{2k} - \frac{1}{(2k)^{\alpha}} = \frac{(2k)^{\alpha-1} - 1}{(2k)^{\alpha}} > \frac{(2k)^{\alpha-1}}{2(2k)^{\alpha}} = \frac{1}{4k}$$

记

$$C = \sum_{k=1}^{k_{\alpha}} \left\{ \frac{1}{2k} - \frac{1}{(2k)^{\alpha}} \right\} - \frac{1}{4} \left\{ 1 + \frac{1}{2} + \cdots + \frac{1}{2k_{\alpha}} \right\}$$

当 $n > k_{\alpha}$ 时,有

$$s_{2n} > \left[1 - \frac{1}{2} + \frac{1}{3} - + \cdots - \frac{1}{2n} \right] + C + \frac{1}{4} \left\{ 1 + \frac{1}{2} + \cdots + \frac{1}{n} \right\}$$

因 为 $\left(1 + \frac{1}{2} + \cdots + \frac{1}{n} \right)$ 定 发 散 于 $+ \infty$, 又

$\left(1 - \frac{1}{2} + - \cdots - \frac{1}{2n} \right) + C$ 是收敛的,所以 s_{2n} 也是定发

散的.

(3) $\alpha < 1$: 因为 $\alpha < 1$, 所以 $(2n)^{\alpha-1} \to 0$; 所以当

$n > \overline{n}_{\alpha}$ 时,有 $(2n)^{\alpha-1} < \frac{1}{2}$, 于是

$$\frac{(2n)^{\alpha-1} - 1}{(2n)^{\alpha}} < -\frac{1}{2(2n)^{\alpha}}$$

用完全归纳法,我们再来证明,当 $n > \overline{n}_{\alpha}$ 时,有

$$s_{2n} < \left[1 - \frac{1}{2} + \frac{1}{3} - + \cdots - \frac{1}{2n} \right] + C_1 - \frac{1}{2^{\alpha}} \left(1 + \frac{1}{2^{\alpha}} + \cdots + \frac{1}{n^{\alpha}} \right)$$

因为 $\left[1 - \frac{1}{2} + - \cdots - \frac{1}{2n} \right] + C_1$ 收敛,又

$$-\frac{1}{2^{\alpha}} \left(1 + \frac{1}{2^{\alpha}} + \cdots + \frac{1}{n^{\alpha}} \right)$$

由于 $\alpha < 1$, 发散于 $- \infty$, 所以 s_{2n} 也发散于 $- \infty$. 于是给

定的级数只在 $\alpha = 1$ 的情形是收敛的.

问题 8　设 $\sum a_n$ 是一个收敛级数,诸项 a_n 是正

的,单调减少的. 于是有 $\lim\limits_{n\to\infty} na_n = 0$.

解 设 $s_n = \sum\limits_{v=1}^{n} a_v$;于是有 $s_n - na_n = (a_1 - a_n) + (a_2 - a_n) + \cdots + (a_{n-1} - a_n) > 0$,因为诸项 a_n 单调减少. 这就是说,数列 $\{na_n\}$ 诸项都是正的,且有收敛的优级数 $\{s_n\}$,于是 $b = \lim\limits_{n\to\infty} na_n$ 是存在的. 现在用定理:

若 $\lim\limits_{n\to\infty}\dfrac{x_n - x_{n-1}}{y_n - y_{n-1}}$ 存在,又 $y_{n+1} > y_n$,$y_n \to \infty$,则有 $\lim\limits_{n\to\infty}\dfrac{x_n}{y_n} = \lim\limits_{n\to\infty}\dfrac{x_n - x_{n-1}}{y_n - y_{n-1}}$. 并且记 $x_n = ns_n$,$y_n = n$,左端就有

$$\lim_{n\to\infty}\frac{x_n}{y_n} = \lim_{n\to\infty} s_n$$

而右端,可以得到

$$\lim_{n\to\infty}\frac{x_n - x_{n-1}}{y_n - y_{n-1}} = \lim_{n\to\infty}\frac{ns_n - (n-1)s_{n-1}}{n - (n-1)}$$
$$= \lim_{n\to\infty}\left[n(s_n - s_{n-1}) + s_{n-1} \right]$$
$$= \lim_{n\to\infty} na_n + \lim_{n\to\infty} s_{n-1} = b + \lim_{n\to\infty} s_n$$

从而,得到 $b = \lim\limits_{n\to\infty} na_n = 0$.

问题 9 设 $\sum d_n$ 是一个发散级数,其中 $d_n \geq 0$,$d_n \in \mathbf{R}$. 试证:

(1) 当 $k \in \mathbf{Q}$,$k > 1$ 时,$\sum \dfrac{d_n}{1 + n^k d_n}$ 收敛.

(2) 当 $k \in \mathbf{Q}$,$k \leq 0$ 时,$\sum \dfrac{d_n}{1 + n^k d_n}$ 发散.

(3) 当 $0 < k \leq 1$ 时,关于 $\sum \dfrac{d_n}{1 + n^k d_n}$ 的敛散性.

做不出一个肯定的命题. 试各给出一个收敛的与发散
的例子.

解　设

$$M'_k = \{ n \in \mathbf{N} \mid n^k d_n \geqslant 1 \}$$

$$M''_k = \{ n \in \mathbf{N} \mid n^k d_n < 1 \}$$

就有

$$M'_k \cap M''_k = \varnothing,\ \text{且}\ M'_k \cup M''_k = \mathbf{N}$$

(1) $k > 1$：当 $n \in M'_k$ 时，通过缩小分母，有

$$\frac{d_n}{1 + n^k d_n} \leqslant \frac{d_n}{n^k d_n} = \frac{1}{n^k}$$

当 $n \in M''_k$ 时，通过缩小分母，有

$$\frac{d_n}{1 + n^k d_n} \leqslant \frac{d_n}{1} \leqslant \frac{1}{n^k}$$

$$\left(\text{由于当}\ n \in M''_k \text{时}, n^k d_n \leqslant 1, \text{从而}\ d_n \leqslant \frac{1}{n^k} \right).$$

于是部分级数 $\sum\limits_{M'_k}$ 与 $\sum\limits_{M''_k}$ 都是绝对收敛的；按照重排

次序大定理，当 $k > 1$ 时，级数 $\sum\limits_{\mathbf{N}} \dfrac{d_n}{1 + n^k d_n}$ 也是收敛的.

(2) $k \leqslant 0$：$\sum\limits_{n \in M'_k} \dfrac{d_n}{1 + n^k d_n} \geqslant \sum\limits_{n \in M'_k} \dfrac{d_n}{2 n^k d_n} = \sum\limits_{n \in M'_k} \dfrac{1}{2} n^{-k}$

$$\sum\limits_{n \in M''_k} \dfrac{d_n}{1 + n^k d_n} \geqslant \sum\limits_{n \in M''_k} \dfrac{d_n}{2}$$

这两个部分级数中至少有一个是发散的.

如果 $\sum\limits_{M'_k} n^{-k}$ 收敛，那么，由于 $n^{-k} \geqslant 1$，M'_k 只能含

有有限多个元素，于是 $\sum\limits_{M''_k} \dfrac{d_n}{1 + n^k d_n}$ 发散，因此

$$\sum \frac{d_n}{1 + n^k d_n} \text{ 也发散.}$$

如果 $\sum\limits_{M''_k} \frac{d_n}{2}$ 收敛（若 $\sum\limits_{M'_k} \frac{d_n}{1 + n^k d_n}$ 收敛，则它当然

满足），那么 M'_k 必须含有无穷多个元素，因此 $\sum\limits_{M'_k} n^{-k}$ 是

发散的，所以 $\sum\limits_{\mathbf{N}} \frac{d_n}{1 + n^k d_n}$ 果真是发散的.

（3）$0 < k \leqslant 1$：按照选取 d_n 的不同，$\sum \frac{d_n}{1 + n^k d_n}$ 或

是收敛的，或是发散的.

①设 $m \in \mathbf{N}$，使得 $mk > 1$（阿基米德①原理）. 数列

$\{d_n\}$ 按下列定义

$$d_n = \begin{cases} 1, \text{当 } n = p^m \text{ 时} \\ 0, \text{当 } n \neq p^m \text{ 时} \end{cases} \quad (p = 0, 1, 2, \cdots)$$

级数 $\sum d_n$ 是发散的，诸项 d_n 都大于或等于 0. 因此

$$\sum_{n \in \mathbf{N}} \frac{d_n}{1 + n^k d_n} = \sum_{p \in \mathbf{N}} \frac{1}{1 + (p^m)^k}$$

$$= \sum_{p \in \mathbf{N}} \frac{1}{1 + p^{mk}} < \sum_{p \in \mathbf{N}} \frac{1}{p^{mk}}$$

所以级数 $\sum\limits_{n \in \mathbf{N}} \frac{d_n}{1 + n^k d_n}$ 是收敛的.

②作为第二个例，规定：对于一切 $n \in \mathbf{N}, d_n =$

1（$\sum d_n$ 发散，$d_n \geqslant 0$，如所要求的）. 因此

———————

① 阿基米德（Archimedes，公元前 287—公元前 212），希

腊数学家.

$$\sum_{n \in \mathbf{N}} \frac{d_n}{1 + n^k d_n} = \sum_{n \in \mathbf{N}} \frac{1}{1 + n^k} > \sum_{n \in \mathbf{N}} \frac{1}{2n^k}$$

所以级数 $\sum\limits_{n \in \mathbf{N}} \dfrac{d_n}{1 + n^k d_n}$,由于 $0 < k \leqslant 1$,故是发散的.

问题 10　把调和级数 $\sum\limits_{n \geqslant 1} \dfrac{1}{n}$ 各项的符号改变成

每 p 个正项之后接着 q 个负项的顺序排下去,而且 $p \neq q$,那么级数仍是发散的. 如果 $p = q$,那么所生成的级数是收敛的.

解　(1)当 $p = q$ 时是收敛的. 设

$$b_k = (-1)^k \left\{ \frac{1}{kp+1} + \frac{1}{kp+2} + \cdots + \frac{1}{(k+1)p} \right\}$$

于是 $|b_k|$ 单调减小,而且 $\lim\limits_{k \to \infty} b_k = 0$,所以 $\sum b_k$ 是收敛的(莱布尼茨判别法则). 如果把改变了符号的调和级数的一般项记作 a_v ,那么 $\left| \sum\limits_{v=n}^{m} a_v \right|$ 可以像下面这样估计:设按照关系式 $jp + 1 \leqslant n < (j+1)p$ 与 $ip + 1 \leqslant m < (i+1)p$,定出 j 与 i ,那么有

$$\left| \sum_{v=n}^{m} a_v \right| = \left| \sum_{v=jp+1}^{(i+1)p} a_v - \sum_{v=jp+1}^{n-1} a_v - \sum_{v=m+1}^{(i+1)p} a_v \right|$$

$$\leqslant \left| \sum_{k=j}^{i} b_k \right| + |b_j| + |b_i|$$

因为 $\{b_k\}$ 与 $\sum b_k$ 是收敛的,对于 $\varepsilon > 0$,存在一个数 K ,使得对于一切 $j, k, i > K$,有 $|b_k| < \dfrac{\varepsilon}{4}$ 及

$\left| \sum\limits_{k=j}^{i} b_k \right| < \dfrac{\varepsilon}{2}$. 如果选取 $N = (K+1)p$,那么当 $n, m >$

N 时, 就有 $j, k, i > K$, 就是说, 由上面的估计, 有

$$\left| \sum_{v=n}^{m} a_v \right| < \varepsilon.$$

(2) 当 $p > q$ 时是发散的. 级数具有形式

$$1 + \frac{1}{2} + \cdots + \frac{1}{p} - \frac{1}{p+1} - \cdots - \frac{1}{p+q} + \frac{1}{p+q+1} + \cdots +$$

$$\frac{1}{2p+q} - \frac{1}{2p+q+1} - \cdots - \frac{1}{2p+2q} + \cdots - \cdots$$

现在从这个级数取出一段

$$\frac{1}{n(p+q)+1} + \cdots + \frac{1}{n(p+q)+p} - \frac{1}{n(p+q)+p+1} - \cdots -$$

$$\frac{1}{n(p+q)+p+q} = \left(\frac{1}{n(p+q)+1} - \frac{1}{n(p+q)+p+1} \right) +$$

$$\left(\frac{1}{n(p+q)+2} - \frac{1}{n(p+q)+p+2} \right) + \cdots +$$

$$\left(\frac{1}{n(p+q)+q} - \frac{1}{n(p+q)+p+q} \right) + \frac{1}{n(p+q)+q+1} +$$

$$\frac{1}{n(p+q)+q+2} + \cdots + \frac{1}{n(p+q)+p} > \frac{1}{n(p+q)+p}$$

这是因为所有的加项(包括括号内的值)都是正的. 级
数 $\displaystyle\sum_{n \geqslant 0} \frac{1}{n(p+q)+p}$ 是发散的, 所以上面所述的级数
也是发散的.

(3) 当 $p < q$ 时是发散的. 像在(2)中取出的一段,
并且用 $\dfrac{-1}{n(p+q)+q} < 0$ 来估计上界. 级数

$$- \sum \frac{1}{n(p+q)+q}$$

发散, 趋于 $-\infty$, 所以所研究的级数也是发散的.

问题 11　当 $\alpha \in \mathbf{R}$，且 $|x| < 1$ 时，试证

$$\lim_{n \to \infty} \binom{\alpha}{n} \cdot nx^n = 0$$

解　级数 $\sum_{n=0}^{\infty} \binom{\alpha}{n} x^n$ 在 $|x| < 1$ 上是收敛的，而且在这个区间上表示函数 $(1 + x)^{\alpha}$. 因为收敛性甚至是绝对的，所以 $\sum a_n$ 也收敛，其中 $a_n = \left| \binom{\alpha}{n} x^n \right|$.

由于当 $n > n_0(\alpha, x)$ 时，有

$$\left| \frac{\binom{\alpha}{n+1} x^{n+1}}{\binom{\alpha}{n} x^n} \right| = \left| \frac{\binom{\alpha}{n} \frac{\alpha - n}{n+1} x^{n+1}}{\binom{\alpha}{n} x^n} \right| = \left| \frac{\alpha - n}{n + 1} x \right| < 1$$

所以，当 $n > n_0(\alpha, x)$ 时，这个级数的诸项 a_n 是单调减小的. 按照问题 8，于是有

$$\lim_{n \to \infty} na_n = \lim_{n \to \infty} \binom{\alpha}{n} x^n \cdot n = 0$$

所以当 $|x| < 1$ 时，也有

$$\lim_{n \to \infty} \binom{\alpha}{n} nx^n = 0$$

问题 12　试证：当 $-\alpha \notin \mathbf{N}_0$ 时，有

$$\sum_{n=0}^{\infty} \frac{1}{(\alpha + n)(\alpha + n + 1)} = \frac{1}{\alpha}$$

解　对于部分和

$$s_n = \sum_{v=0}^{n} \frac{1}{(\alpha + v)(\alpha + v + 1)}$$

由于

$$\frac{1}{(\alpha+v)(\alpha+v+1)} = \frac{1}{\alpha+v} - \frac{1}{\alpha+v+1}$$

得到

$$s_n = \frac{1}{\alpha} - \frac{1}{\alpha+n+1}$$

从而,通过极限过程 $n \to \infty$,就得到断言.

问题 13 当 $|x| < \frac{1}{4}$ 时,试求级数 $\displaystyle\sum_{n \geqslant 0} \binom{2n}{n} x^n$ (提

示:作级数的平方,并应用 $\displaystyle\sum_{k=0}^{n} \binom{2k}{k}\binom{2n-2k}{n-k} = 4^n$).

解 按照商(即比值)判别法则,由于

$\binom{2n+2}{n+1}\binom{2n}{n}^{-1} = 2\dfrac{2n+1}{n+1} < 4$,级数 $f(x) = \displaystyle\sum_{n=0}^{\infty} \binom{2n}{n} x^n$,

当 $|x| < \frac{1}{4}$ 时是绝对收敛的. 所以允许逐项相乘并且

按 x 的升幂加以排列,就得到

$$
\begin{aligned}
f^2(x) &= \sum_{k=0}^{\infty} \binom{2k}{k} x^k \sum_{m=0}^{\infty} \binom{2m}{m} x^m \\
&= \sum_{n=0}^{\infty} \sum_{k=0}^{n} \binom{2k}{k}\binom{2n-2k}{n-k} x^n \\
&= \sum_{n=0}^{\infty} (4x)^n = \frac{1}{1-4x}
\end{aligned}
$$

(几何级数)

所以有

$$f(x) = \frac{1}{\sqrt{1-4x}}$$

不用平方的技巧,同样的结果也可以自然地直接

132

利用二项式级数 $(1 + y)^\alpha = \sum\limits_{n=0}^\infty \binom{\alpha}{n} y^n$ (当 $|y| < 1$,

$\alpha \in \mathbf{R}$ 时是收敛的),令 $\mathbf{y} = -4x, \alpha = -\dfrac{1}{2}$ 而得到,这

时还要证明恒等式 $(-4)^n \binom{-\dfrac{1}{2}}{n} = \binom{2n}{n}$,它不难由

二项式系数的定义来得到.

问题 14   如果把一个幂级数 $\sum a_n x^n$ 的收敛半径
记作 r,则有

$$\frac{1}{r} = \limsup_{n \to \infty} \sqrt[n]{|a_n|}$$

又如果 $\limsup\limits_{n \to \infty} \left| \dfrac{a_{n+1}}{a_n} \right|$ 存在,就有

$$\frac{1}{\limsup\limits_{n \to \infty} \left| \dfrac{a_{n+1}}{a_n} \right|} \leqslant r \leqslant \frac{1}{\liminf\limits_{n \to \infty} \left| \dfrac{a_{n+1}}{a_n} \right|}$$

(当 $\liminf\limits_{n \to \infty} \left| \dfrac{a_{n+1}}{a_n} \right| = 0$ 时,就不要右边的不等式了,当

$\limsup\limits_{n \to \infty} \left| \dfrac{a_{n+1}}{a_n} \right| = 0$ 时,就有 $r = \infty$).

解   因为按照假设,$\limsup\limits_{n \to \infty} \left| \dfrac{a_{n+1}}{a_n} \right|$ 是存在的,于是

存在一个数 n_1,使得对于一切 $n > n_1$,有 $a_n \neq 0$. 对于一
切 $x(|x| < r)$,方程

$$\sum_{n=0}^\infty a_n x^n = \sum_{n=0}^{n_1 - 1} a_n x^n + x^{n_1} \cdot \sum_{p=0}^\infty a_{n+p} x^p$$

是成立的. 由这个方程就可看出,对于每一个固定的

n_1, 有

$$\limsup_{p \to \infty} \sqrt[p]{|a_{n_1+p}|} = \frac{1}{r} \qquad (1)$$

(在右边的级数有同样的收敛半径). 所以, 不失一般性, 可以假设所有的 a_n 都不为 0 (或者把 a_{n_1+p} 用 a'_p 来表示).

设 $\limsup_{n \to \infty} \left| \dfrac{a_{n+1}}{a_n} \right| = A$ 且 $\liminf_{n \to \infty} \left| \dfrac{a_{n+1}}{a_n} \right| = a$ (后者是存在的, 因为诸值 $\left| \dfrac{a_{n+1}}{a_n} \right|$ 是下有界于 0 的); 于是, 按照这个极限值的定义, 对于 $\varepsilon > 0$, 有一个数 n_0, 使得对于一切 $n \geqslant n_0$, 下式成立

$$a - \varepsilon < \left| \frac{a_{n+1}}{a_n} \right| < A + \varepsilon \qquad (2)$$

如果 $a = 0$, 那么在题中右边的不等式表示 $r \leqslant \infty$, 它总是满足的; 如果 $a > 0$, 那么选取 $\varepsilon < a$, 并且就 $n = n_0$, $\cdots$, $n_0 + p - 1$, 对不等式 (2) 做乘法, 得到

$$(a - \varepsilon)^p < \frac{|a_{n_0+p}|}{|a_{n_0}|} < (A + \varepsilon)^p$$

从而, 注意 $a - \varepsilon > 0$, 得到

$$\sqrt[p]{|a_{n_0}|} \cdot (a - \varepsilon) < \sqrt[p]{|a_{n_0+p}|} < \sqrt[p]{|a_{n_0}|} \cdot (A + \varepsilon)$$

由于 $\lim\limits_{p \to \infty} \sqrt[p]{|a_{n_0}|} = 1$, 右端是有界的, 所以 $\limsup\limits_{n \to \infty} \sqrt[p]{|a_{n_0+p}|}$ 是存在的, 而且有

$$a - \varepsilon \leqslant \limsup_{p \to \infty} \sqrt[p]{|a_{n_0+p}|} \leqslant A + \varepsilon$$

按照式 (1), 由此得到 $a - \varepsilon \leqslant \dfrac{1}{r} \leqslant A + \varepsilon$. 因为 ε 是一

个任意小的正数,所以甚至有 $a \leqslant \dfrac{1}{r} \leqslant A.$ 从而,通过倒数变换,就得到题中的断言.

问题 15　试确定下列幂级数 $\sum a_n x^n$ 的收敛半径:

(1) $a_n = \theta^{(n^2)}\,(0 < \theta < 1)$;

(2) $a_n = \dfrac{n!}{n^n}$;

(3) $a_n = \dfrac{n!}{a^{(n^2)}}$,其中 $a > 1$;

(4) $a_n = \begin{cases} \left[\dfrac{1 \cdot 2 \cdot \cdots \cdot k}{3 \cdot 5 \cdot \cdots \cdot (2k+1)}\right]^2, & \text{当 } n = 2k \text{ 时} \\ 0, & \text{当 } n = 2k+1 \text{ 时} \end{cases}$.

解　(1) 如果 $\lim\limits_{n\to\infty}\sqrt[n]{|a_n|}$ 存在,那么 $\limsup\limits_{n\to\infty}\sqrt[n]{|a_n|} = \lim\limits_{n\to\infty}\sqrt[n]{|a_n|}$. 由于 $\lim\limits_{n\to\infty}\sqrt[n]{|a_n|} = \lim\limits_{n\to\infty}\sqrt[n]{\theta^{(n^2)}} = \lim\limits_{n\to\infty}\theta^n = 0$ $(0 < \theta < 1)$,就得到 $\limsup\limits_{n\to\infty}\sqrt[n]{\theta^{(n^2)}} = 0$,所以有 $r = \infty$.

(2) 当 $\lim\limits_{n\to\infty}\left|\dfrac{a_{n+1}}{a_n}\right|$ 存在时,有

$$\limsup\limits_{n\to\infty}\left|\dfrac{a_{n+1}}{a_n}\right| = \liminf\limits_{n\to\infty}\left|\dfrac{a_{n+1}}{a_n}\right| = \lim\limits_{n\to\infty}\left|\dfrac{a_{n+1}}{a_n}\right|$$

按问题 14,得到 $r = \dfrac{1}{\lim\limits_{n\to\infty}\left|\dfrac{a_{n+1}}{a_n}\right|}$.

我们有 $\left|\dfrac{a_{n+1}}{a_n}\right| = \dfrac{(n+1)!}{(n+1)^{n+1}} \cdot \dfrac{n^n}{n!} = \dfrac{n^n}{(1+n)^n} = \dfrac{1}{\left(1+\dfrac{1}{n}\right)^n}$,所以 $\lim\limits_{n\to\infty}\left|\dfrac{a_{n+1}}{a_n}\right| = \lim\limits_{n\to\infty}\dfrac{1}{\left(1+\dfrac{1}{n}\right)^n} = \dfrac{1}{e}$,从而得

到 $r = \mathrm{e}$.

（3）$\left|\dfrac{a_{n+1}}{a_n}\right| = \dfrac{(n+1)!\ a^{(n^2)}}{a^{(n^2+2n+1)}\cdot n!} = \dfrac{n+1}{a^{2n+1}} = \dfrac{1}{a^n}\cdot\dfrac{n+1}{a^{n+1}}$.

由于当 $a > 1$ 时，$\lim\limits_{n\to\infty}\dfrac{1}{a^n} = 0$，又 $\lim\limits_{n\to\infty}\dfrac{n+1}{a^{n+1}} = \lim\limits_{n'\to\infty}\dfrac{n'}{a^{n'}} = 0$（其中 $n' = n+1$），按照极限的乘法定理，得到 $\lim\limits_{n\to\infty}\left|\dfrac{a_{n+1}}{a_n}\right| = \lim\limits_{n\to\infty}\dfrac{1}{a^n}\cdot\dfrac{n+1}{a^{n+1}} = 0$. 因此有 $r = \infty$.

（4）**解法 1** 当 $n = 2k+1$ 时，有 $\sqrt[n]{|a_n|} = 0$. 当 $n = 2k$ 时，我们来确定 $\lim\limits_{n\to\infty}\sqrt[n]{|a_n|}$. 首先有

$$\sqrt[n]{|a_n|} = \sqrt[2k]{|a_{2k}|} = \sqrt[2k]{\left(\dfrac{1\cdot2\cdot\cdots\cdot k}{3\cdot5\cdot\cdots\cdot(2k+1)}\right)^2}$$

$$= \dfrac{1}{2}\sqrt[k]{\dfrac{2\cdot4\cdot\cdots\cdot(2k)}{3\cdot5\cdot\cdots\cdot(2k+1)}}$$

从而得到估计 $\sqrt[2k]{|a_{2k}|} < \dfrac{1}{2}\sqrt[k]{\dfrac{2\cdot4\cdot\cdots\cdot(2k)}{2\cdot4\cdot\cdots\cdot(2k)}} = \dfrac{1}{2} = c_k$（把分母缩小）. 又 $\sqrt[2k]{|a_{2k}|} > \dfrac{1}{2}\sqrt[k]{\dfrac{2\cdot4\cdot\cdots\cdot(2k)}{4\cdot6\cdot\cdots\cdot(2k+2)}} = \dfrac{1}{2}\cdot\sqrt[k]{\dfrac{1}{k+1}} = b_k$（把分母放大）. 进而有 $\lim\limits_{k\to\infty}c_k = \dfrac{1}{2}$，及 $\lim\limits_{k\to\infty}b_k = \dfrac{1}{2}$（由 $\sqrt[k]{k}\to1$，$\sqrt[k]{2}\to1$ 以及 $\sqrt[k]{k} < \sqrt[k]{k+1} \leqslant \sqrt[k]{2k} = \sqrt[k]{2}\cdot\sqrt[k]{k}$，按照比较判别法则，乃得 $\lim\limits_{k\to\infty}\sqrt[k]{k+1} = 1$）. 把比较判别法则应用于所给的数列，就得到 $\lim\limits_{k\to\infty}\sqrt[2k]{|a_{2k}|} = \dfrac{1}{2}$；所以有 $\lim\limits_{n\to\infty}\sup\sqrt[n]{|a_n|} = \dfrac{1}{2}$，于是

有 $r = 2$.

解法 2　记 $a_{2k} = b_k, x^2 = z$, 有

$$\sum a_n x^n = \sum a_{2k} x^{2k} = \sum b_k z^k$$

由于

$$\left| \frac{b_{k+1}}{b_k} \right| = \left(\frac{(k+1)! \cdot 3 \cdot 5 \cdots (2k+1)}{3 \cdot 5 \cdots (2k+1)(2k+3) \cdot k!} \right)^2 = \left(\frac{k+1}{2k+3} \right)^2$$

因此有

$$\lim_{k \to \infty} \left| \frac{b_{k+1}}{b_k} \right| = \lim_{k \to \infty} \left(\frac{k+1}{2k+3} \right)^2 = \frac{1}{4}$$

所以幂级数 $\sum b_k z^k$ 的收敛半径等于 4, 即当 $|z| < 4$ 时,

$\sum b_k z^k$ 收敛. 由于 $x^2 = z$, 幂级数 $\sum a_n x^n$ 在 $|x| < \sqrt{4} = 2$ 中是收敛的, 即 $r = 2$.

问题 16　试确定下列级数的敛散性:

(1) $\sum \dfrac{3^n n!}{n^n}$;　(2) $\sum_{n \geqslant 6} \dfrac{n^2 + 2n - 17}{(\sqrt{n} + 1)(n^2 + 1)(n - 5)}$.

解　(1) 应用商判别法则

$$\frac{3^{n+1}(n+1)!}{(n+1)^{n+1}} : \frac{3^n n!}{n^n} = \frac{3n^n}{(n+1)^n}$$

$$= \frac{3}{\left(1 + \dfrac{1}{n} \right)^n} > \frac{3}{e}$$

所以级数是发散的.

(2)　$\dfrac{n^2 + 2n - 17}{(\sqrt{n} + 1)(n^2 + 1)(n - 5)}$

$$= \frac{1 + \dfrac{2}{n} - \dfrac{17}{n^2}}{\left(1 + \dfrac{1}{\sqrt{n}} \right)\left(1 + \dfrac{1}{n^2} \right)\left(1 - \dfrac{5}{n} \right)} \cdot \frac{1}{n\sqrt{n}}$$

所以一般项具有形式 $n^{-\frac{3}{2}}(1+\varphi(n))$,其中 $\lim\limits_{n\to\infty}\varphi(n)=0.$ 当 $n>n_0$ 时,有 $|\varphi(n)|<1$,所以级数具有收敛的优级数 $\sum \dfrac{2}{n\sqrt{n}}$,于是本身是收敛的,因为当 $n>n_0$ 时,它的诸项都是正的.

问题 17 (1)级数 $1+\dfrac{1}{2}-\dfrac{2}{3}+\dfrac{1}{4}+\dfrac{1}{5}-\dfrac{2}{6}+\dfrac{1}{7}+\dfrac{1}{8}-\dfrac{2}{9}+\dfrac{1}{10}+\dfrac{1}{11}-\dfrac{2}{12}++-++--\cdots$ 收敛吗?

(2)问当 a 是什么值时,级数 $\sum\limits_{n\geqslant 0}\dfrac{a^{4n}}{1+a^{8n}}$ 是收敛的?

解 我们有

$$a_n=\begin{cases}\dfrac{1}{n}, & \text{当 } n=3k+1,3k+2,k\in\mathbf{N}\text{ 时}\\[2mm]-\dfrac{2}{n}, & \text{当 } n=3k,k\in\mathbf{N}\text{ 时}\end{cases}$$

通过添加括号所得的级数

$$\left(1+\dfrac{1}{2}\right)-\dfrac{2}{3}+\left(\dfrac{1}{4}+\dfrac{1}{5}\right)-\dfrac{2}{6}+\left(\dfrac{1}{7}+\dfrac{1}{8}\right)-\dfrac{2}{9}+(\quad)-+-\cdots$$

按照莱布尼茨判别法则是收敛的,因为有

$$\dfrac{1}{3k+1}+\dfrac{1}{3k+2}>\dfrac{1}{3k+3}+\dfrac{1}{3k+3}=\dfrac{2}{3(k+1)}$$

$$\dfrac{2}{3k}=\dfrac{1}{3k}+\dfrac{1}{3k}>\dfrac{1}{3k+1}+\dfrac{1}{3k+2}\quad(\text{单调性})$$

以及

$$\lim_{k \to \infty} \frac{1}{3k} = 0 \text{ 及 } \lim_{k \to \infty} \left(\frac{1}{3k+1} + \frac{1}{3k+2} \right) = 0$$

余下要证明,如果去掉括号,级数仍是收敛的. 通过加括号,证明了,当 $\mu = 0$ 及 $\mu = 2$ 时,极限值

$$\lim_{k \to \infty} s_{3k+\mu} = \bar{s}_{\mu} \left(\text{其中 } s_n = \sum_{v=1}^{n} a_v \right)$$

是存在的,而且它们是相等的. 剩下还要证明 $\lim\limits_{k \to \infty} s_{3k+1} = \bar{s}_1 = \bar{s}_0 = \bar{s}_2$. 因为 $s_{3k+1} = s_{3k} + \dfrac{1}{3k+1}$,又 $\lim\limits_{k \to \infty} \dfrac{1}{3k+1} = 0$,所以 $\lim\limits_{k \to \infty} a_{3k+1}$ 也是存在的,且为 $\bar{s}_0$,所以级数收敛.

（2）令 $b = a^4$,就有 $b \geqslant 0$,只要研究当 $a \geqslant 0$ 时的敛散状态. 由于 $a_n = \dfrac{b^n}{1 + b^{2n}} = \dfrac{\left(\dfrac{1}{b} \right)^n}{\left(\dfrac{1}{b} \right)^{2n} + 1}$,级数的敛散状态对于 b 及 $\dfrac{1}{b}$ 是一致的. 所以研究 $0 \leqslant b \leqslant 1$ 的情形就足够了. 级数当 $b = 1$ 时显然是发散的,因为有 $a_n = \dfrac{1}{2}$. 当 $0 \leqslant b < 1$ 时,有 $a_n = \dfrac{b^n}{1 + b^{2n}} < b^n$,而几何级数 $\sum b_n$ 是收敛的,所以 $\sum a_n$ 也是收敛的. 因此,原来的级数 $\sum\limits_{n \geqslant 0} \dfrac{a^{4n}}{1 + a^{8n}}$,对于一切 a,除去 $a = \pm 1$ 了外总是收敛的.

问题 18　试证:级数 $\sum\limits_{n \geqslant 0} x^2 [1 - x^2]^n$ 在 $|x| \leqslant 1$ 上是收敛的,$\sum\limits_{n \geqslant 0} x^3 [1 - x^2]^n$ 在 $|x| \leqslant 1$ 上甚至是均匀收

敛的. 试确定这两个级数的极限函数.

解 不管因式 x^2, 级数 $\sum\limits_{n\geqslant 0} x^2 [1-x^2]^n$ 是一个比值为 $q = 1 - x^2$ 的几何级数, 而且当 $0 < |x| \leqslant 1$ 时, 有 $|q| = q = 1 - x^2 < 1$. 所以有部分和数列

$$s_n(x) = \sum_{k=0}^{n} x^2 [1-x^2]^k$$

$$= \begin{cases} 0, \text{当 } x = 0 \text{ 时} \\ x^2 \cdot \dfrac{1 - [1-x^2]^{n+1}}{1 - [1-x^2]} = 1 - [1-x^2]^{n+1} \\ \text{当 } 0 < |x| \leqslant 1 \text{ 时} \end{cases}$$

从而得到: 当 $x = 0$ 时, 有 $\lim\limits_{n\to\infty} s_n(x) = 0$; 而当 $0 < |x| \leqslant 1$ 时, 有 $\lim\limits_{n\to\infty} s_n(x) = 1 - \lim\limits_{n\to\infty} [1-x^2]^{n+1} = 1$, 因为 $0 \leqslant 1 - x^2 < 1$, 所以级数收敛于极限函数

$$f(x) = \begin{cases} 0, \text{当 } x = 1 \text{ 时} \\ 1, \text{当 } 0 < |x| \leqslant 1 \text{ 时} \end{cases}$$

在 $x_0 = 0$ 处, 这是不连续的, 所以级数在 $|x| \leqslant 1$ 上不可能是均匀连续的.

对于所给的第二个级数, 类似地, 有

$$s'_n(x) = \sum_{k=0}^{n} x^3 [1-x^2]^k$$

$$= \begin{cases} 0, \text{当 } x = 0 \text{ 时} \\ x[1 - (1-x^2)^{n+1}], \text{当 } 0 < |x| \leqslant 1 \text{ 时} \end{cases}$$

从而总有 $\lim\limits_{n\to\infty} s'_n(x) = x$. 所以极限函数有值 $f(x) = x$.

余下要证明的是 $s'_n(x)$ 的均匀收敛性: 按照定义, 对于每一个 $\varepsilon > 0$, 必须确定一个数 n_ε, 使得对于每一个 $n > n_\varepsilon$ 以及 $|x| \leqslant 1$ 中的每一个 x, 有 $|f(x) - s'_n(x)| < \varepsilon$. 现

在,对于 $|x| \le 1$ 以及所有的 n,有

$$|f(x) - s'_n(x)| = |x - x\{1 - [1 - x^2]^{n+1}\}|$$
$$= |x| \cdot [1 - x^2]^{n+1} \qquad (1)$$

我们分两种情形来讨论:

(1) $|x| < \varepsilon$. 于是,由于 $[1 - x^2]^{n+1} \le 1$,由式(1),甚至对于一切 n,立刻得到所要的不等式.

(2) $|x| \ge \varepsilon$. 这个情形只有当 $\varepsilon \le 1$ 时才会出现;于是有

$$|1 - x^2| = 1 - x^2 = 1 - |x|^2 \le 1 - \varepsilon^2 < 1 \text{ 以及 } 1 - \varepsilon^2 \ge 0$$

所以,数列 $\{[1 - \varepsilon^2]^n\}$ 收敛于 0,而且存在这样的一个数 n_ε,使得对于一切 $n > n_\varepsilon$,有 $[1 - \varepsilon^2]^n < \varepsilon$. 对于这样的数 n,我们已经推得:$|x| \cdot |1 - x^2|^{n+1} \le 1 \cdot [1 - \varepsilon^2]^{n+1} < \varepsilon$,而且,按式(1),这就是所要证的不等式.

问题 19 设 $0 < x < \dfrac{\pi}{2}$,证明

$$x - \sin x \le \frac{1}{6} x^3$$

证明 因为

$$2\sin\frac{1}{2}x - \sin x = 2\sin\frac{1}{2}x\left(1 - \cos\frac{1}{2}x\right)$$
$$= 4\sin\frac{1}{2}x\sin^2\frac{1}{4}x$$

并且当 $t > 0$ 时,$\sin t < t$,所以 $2\sin\dfrac{1}{2}x - \sin x < 4\dfrac{x}{2}\left(\dfrac{x}{4}\right)^2$. 从而

$$2\sin\frac{1}{2}x - \sin x < \frac{1}{8}x^3 \qquad (1)$$

用 $\dfrac{x}{2}, \dfrac{x}{4}, \cdots, \dfrac{x}{2^{n-1}}$ 代替 x，求得

$$2\sin\frac{1}{4}x - \sin\frac{1}{2}x < \frac{1}{8}\left(\frac{x}{2}\right)^3 \qquad (2)$$

$$2\sin\frac{1}{8}x - \sin\frac{1}{4}x < \frac{1}{8}\left(\frac{x}{4}\right)^3 \qquad (3)$$

$$\vdots$$

$$2\sin\frac{1}{2^n}x - \sin\frac{1}{2^{n-1}}x < \frac{1}{8}\left(\frac{x}{2^{n-1}}\right)^3 \qquad (4)$$

用 $1, 2, \cdots, 2^{n-1}$ 分别乘以不等式 $(1), (2), \cdots, (4)$ 并相加得

$$2^n\sin\frac{1}{2^n}x - \sin x < \frac{1}{8}x^3\left(1 + \frac{1}{2^2} + \frac{1}{2^4} + \cdots + \frac{1}{2^{2n-2}}\right)$$

当 $n \to \infty$ 时，取极限，求得

$$\lim_{n\to\infty}\left(\frac{\sin\dfrac{x}{2^n}}{\dfrac{x}{2^n}}x - \sin x\right) \leqslant \frac{1}{8}x^3\lim_{n\to\infty}\left\{1 + \frac{1}{4} + \frac{1}{4^2} + \cdots + \frac{1}{4^{n-1}}\right\}$$

但是

$$\lim_{n\to\infty}\left\{1 + \frac{1}{4} + \frac{1}{4^2} + \cdots + \frac{1}{4^{n-1}}\right\} = \frac{1}{1 - \dfrac{1}{4}} = \frac{4}{3}$$

且

$$\lim_{n\to\infty}\frac{\sin\dfrac{x}{2^n}}{\dfrac{x}{2^n}} = 1$$

从而

$$x - \sin x \leqslant \frac{1}{6}x^3$$

问题 20　对每个正整数 n，令 $f(n) = (n!)^{\frac{1}{n}}$. 证明对 $n = 1, 2, \cdots$，序列 $\dfrac{f(n+1)}{f(n)}$ 是单调递减的.

证明　只需证明对 $n = 2, 3, \cdots$，有

$$F_n = \frac{\dfrac{f(n+1)}{f(n)}}{\dfrac{f(n)}{f(n-1)}} < 1$$

考虑 $(F_n)^{\frac{n(n+1)}{2}} = \left[(n-1)!\right]^{\frac{1}{(n-1)}} \dfrac{1}{n} \left(\dfrac{n+1}{n}\right)^{\frac{n}{2}}$.

由于几何平均值小于算术平均值

$$\left[(n-1)!\right]^{\frac{1}{(n-1)}} < \frac{(n-1)+(n-2)+\cdots+3+2+1}{n}$$

$$= \frac{n(n-1)}{2} < \frac{n}{2}$$

故

$$(F_n)^{\frac{n(n+1)}{2}} < \frac{1}{2}\left(1+\frac{1}{n}\right)^{\frac{n}{2}} < \frac{1}{2}\mathrm{e}^{\frac{1}{2}} < 1$$

所以 $F_n < 1$，得出所需要的结果.

注　不难看出：$1 < \dfrac{f(n+1)}{f(n)} < \dfrac{n+1}{n}$.

问题 21　设

$$a_n = b_n \mathrm{e}^{-\frac{1}{12n}}, b_n = (n! \ \mathrm{e}^n)^{n-(n+\frac{1}{2})}$$

证明每一个区间 (a_n, b_n) $(n = 1, 2, 3, \cdots)$ 都包含区间 (a_{n+1}, b_{n+1}) 作为了区间.

证明　因为对 $-1 < x < 1$，都有

$$\log \frac{1+x}{1-x} = 2x\left(1 + \frac{1}{3}x^2 + \frac{1}{5}x^4 + \cdots\right)$$

143

令 $x=(2n+1)^{-1}$ 得

$$\log\frac{n+1}{n}=\frac{2}{2n+1}\Big[1+\frac{1}{3(2n+1)^2}+\frac{1}{5(2n+1)^4}+\cdots\Big]$$

故 a_n 在 $0<x\leqslant 2$ 内是递减的. 又

$$\log a_n=x+\frac{x^3}{3}\frac{1}{(2n+x)^2}+\frac{x(2-x)}{2n+x}+O(n^{-3})$$

$$\log a_n-\log a_{n+1}=\frac{2x(2-x)}{(2n+x)(2n+x+2)}+O(n^{-3})$$

即对充分大的 n, $\log a_n-\log a_{n+1}<0(x<0$ 或 $x>2)$.
当 $x=0$ 时, 有 $a_n=1, n=1,2,3,\cdots$.

问题 22 在年息为 i 时, 为使人们在第一年年终可取回一元钱, $\cdots\cdots$, 在第 n 年年终取回 n^2 元钱, 永不停止, 那么现在至少要存入多少钱?

解 年息为 i 时, 为使 n 年后得到 n^2 元钱, 现在应存入的钱是 $n^2(1+i)^{-n}$. 于是, 所求的和数是

$$\sum_{n=1}^{\infty}\frac{n^2}{(1+i)^n}$$

由于 $(1-x)^{-1}=\sum_{n=0}^{\infty}x^n$, 微分之, 得

$$x(1-x)^{-2}=\sum_{n=1}^{\infty}nx^n$$

$$(x+x^2)(1-x)^{-3}=\sum_{n=1}^{\infty}n^2x^n$$

这些级数都对 $-1<x<1$ 收敛. 取 $x=(1+i)^{-1}$, 所求的和是

$$\frac{(1+i)(2+i)}{i^3}$$

问题 23　证明

$$\lim_{n\to\infty}\sqrt{1+2\sqrt{1+3\sqrt{1+\cdots\sqrt{1+(n-1)\sqrt{1+n}}}}}=3$$

提示　由下分解式,即可证得

$$3=\sqrt{1+2\cdot4}=\sqrt{1+2\sqrt{16}}=\sqrt{1+2\sqrt{1+3\sqrt{25}}}$$

$$=\sqrt{1+2\sqrt{1+3\sqrt{1+4\sqrt{36}}}}$$

问题 24　设

$$S(k)=1+\frac{1}{2}+\frac{1}{3}+\cdots+\frac{1}{k}$$

定义 k_n 为满足 $S(k)\geqslant n$ 的最小的整数 k. 例如, $k_1=1$, $k_2=4$, $k_3=11$, $k_4=31$, $k_5=83$, $k_6=227$, $k_7=616$, $\cdots$. 试求

$$\lim_{n\to\infty}\frac{k_{n+1}}{k_n}$$

解　显然,当 $n\to\infty$ 时

$$0\leqslant S(k_n)-n<\frac{1}{k_n}\to0$$

但是, $S(k_n)-\log k_n\to c$ (c 是欧拉常数). 故得 $n-\log k_n\to c$. 这意味着 $n\to\infty$ 时

$$n+1-\log k_{n+1}\to c$$

这两个极限式相减得出:当 $n\to\infty$ 时

$$1-\log\frac{k_{n+1}}{k_n}\to0$$

于是

$$\lim_{n\to\infty}\frac{k_{n+1}}{k_n}=e$$

问题 25 设 a_0 是任意固定的数，定义 $a_{n+1} = \sin a_n(n = 0,1,2,3,\cdots)$. 证明序列 (na_n^2) 收敛，并求出 $\lim\limits_{n\to\infty} na_n^2 = L(a_0)$.

证明 先设 $0 < a_0 < \pi$. 此时，对一切 n，显然有 $a_n > 0$. 又如果设 $f(x) = x - \sin x$，那么对 $0 < x < \pi$，$f'(x) = 1 - \cos x > 0$；由于 $f(0) = 0$，故得

$$a_n - a_{n+1} = a_n - \sin a_n = f(a_n) > 0$$

于是，序列 $\{a_n\}$ 是严格单调递减且以 0 为下界的，所以如果 $L = \lim\limits_{n\to\infty} a_n$，那么 $L = \sin L$，意味着 $L = 0$. 同样可把任一 a_0 称作 $(\bmod\ 2\pi)$ 同余于某个 $a \in (0,\pi)$，则 $a_1 > a_2 > \cdots > 0$ 且 $a_n \to 0$. 类似地，若 a_0 是 $(\bmod\ 2\pi)$ 同余于某个 $a \in (-\pi, 0)$，则 $a_1 < a_2 < \cdots < 0$，且 $a_n \to 0$. 如果 a_0 是 π 的倍数，那么 $a_1 = a_2\cdots = 0$.

其次，考虑到对于任一 $a_0 \neq k\pi$，根据 L'Hospital 法则的四个应用，极限

$$\lim_{n\to\infty}\left(\frac{1}{a_{n+1}^2} - \frac{1}{a_n^2}\right) = \lim_{n\to\infty}\left(\csc^2 a_n - \frac{1}{a_n^2}\right)$$
$$= \lim_{n\to\infty}\frac{x^2 - \sin^2 x}{x^2\sin^2 x} = \frac{1}{3}$$

若 $y_n = a_n^{-2} + a_{n-1}^{-2}$，则 $\{y_n\}$ 以 $\dfrac{1}{3}$ 为其极限值，于是，当 $n\to\infty$ 时，序列

$$\bar{y}_n = \frac{y_1 + y_2 + \cdots + y_n}{n} \to \frac{1}{3}$$

因此

$$\frac{1}{3} = \lim_{n\to\infty}\bar{y}_n = \lim_{n\to\infty}\frac{1}{n}\sum_{k=1}^{n}(a_k^{-2} - a_{k-1}^{-2})$$

$$= \lim_{n \to \infty} \frac{1}{n}(a_k^{-2} - a_{k-1}^{-2}) = \lim_{n \to \infty} \frac{1}{na_n^2}$$

得出

$$\lim_{n \to \infty} na_n^2 = \begin{cases} 3, \text{对任何 } a_0 \neq k\pi \\ 0, \text{对任何 } a_0 = k\pi \end{cases}$$

问题 26　设正数列 $\{a_n\}$ 与 $\{b_n\}$ 满足:当 $n \to \infty$ 时,$a_n^n \to a, b_n^n \to b, 0 < a, b < \infty$. 又设 p, q 是满足 $p + q = 1$ 的非负数. 证明

$$\lim_{n \to \infty} (pa_n + qb_n)^n = a^p b^q$$

证明　设 $0 < x < \infty$,则 $x_n^n \to x$ 当且仅当 $n(x_n - 1) \to \log x$. 两个条件都意味着 $x_n \to 1$,故可假定 $x_n > 0$,于是 $x_n^n \to x$ 当且仅当 $n\log x_n \to \log x$. 如果 $x_n = 1$ 时定义 $y_n = 1, x_n \neq 1$,定义

$$y_n = \frac{\log x_n}{x_n - 1} = \frac{\log x_n - \log 1}{x_n - 1}$$

则 $n\log x_n = n(x_n - 1)y_n$,由于 $y_n \to 1$,等价性得证.

$(pa_n + qb_n)^n$ 的极限过程可以直接得出. 由 $a_n^n \to a, b_n^n \to b$,得

$$n(a_n - 1) \to \log a, n(b_n - 1) \to \log b$$

令 $x_n = pa_n + qb_n$,故 $n(x_n - 1) = n(pa_n + qb_n - 1) = pn(a_n - 1) + qn(b_n - 1) \to p\log a + q\log b = \log a^p b^q$,从而得到所要求的结果.

问题 27　证明:对任何固定的 $m \geq 2$,级数

$$1 + \frac{1}{2} + \cdots + \frac{1}{m-1} - \frac{x}{m} + \frac{1}{m+1} + \frac{1}{m+2} + \cdots +$$

$$\frac{1}{2m-1} - \frac{x}{2m} + \frac{1}{2m+1} + \frac{1}{2m+2} + \cdots +$$

$$\frac{1}{3m-1} - \frac{x}{3m} + \cdots$$

恰好对 x 的某个值收敛,并对这个 x 求出级数的和.

证明 设

$$S_n(x) = \sum_{k=1}^{n} \left(\frac{1}{(k-1)m+1} + \cdots + \frac{1}{km-1} - \frac{x}{km} \right)$$

若对 x, y,级数收敛,则序列

$$S_n(x) - S_n(y) = \frac{y-x}{m} \sum_{k=1}^{n} \frac{1}{k}$$

收敛. 但因为 $\sum \dfrac{1}{k}$ 发散,故只能设 $x = y$. 于是,至多有一个 x 的值使级数收敛.

已知序列

$$A_n = 1 + \frac{1}{2} + \cdots + \frac{1}{nm} - \log(nm)$$

收敛于欧拉常数. 这时

$$S_n(m-1) = A_n + \log(nm) - \sum_{k=1}^{n} \frac{1}{km} - \sum_{k=1}^{n} \frac{m-1}{km}$$

$$= A_n + \log m + \left(\log n - \sum_{k=1}^{n} \frac{1}{k} \right)$$

$$\to c + \log m - c = \log m$$

因此,当 $x = m - 1$ 时,级数收敛于 $\log m$.

问题 28 求 α 的最大值和 β 的最小值,使得对一切正整数 n,有

$$\left(1 + \frac{1}{n} \right)^{n+\alpha} \leqslant e \leqslant \left(1 + \frac{1}{n} \right)^{n+\beta}$$

解 取对数得

$$\alpha_{\max} = \inf_{n}\left\{\frac{1}{\log\left(1 + \frac{1}{n}\right)} - n\right\}$$

$$\beta_{\min} = \sup_{n}\left\{\frac{1}{\log\left(1 + \frac{1}{n}\right)} - n\right\}$$

这时,我们证明函数

$$F(x) = \frac{1}{\log\left(1 + \frac{1}{x}\right)} - x$$

对 $x > 0$ 单调递增,先证明它的导数是正的

$$F'(x) = \frac{1}{x(x+1)\left(\log\left(1 + \frac{1}{x}\right)\right)^2} - 1$$

$$= \frac{\sinh^2 u}{u^2} - 1 > 0$$

其中 $e^{2u} = 1 + \frac{1}{x}$. 因此

$$\alpha_{\max} = \frac{1}{\log 2} = 1 = 0.442\ 695\ 0\cdots$$

$$\beta_{\min} = \lim_{n \to \infty} F(n)$$

把 $\log(1 + x)$ 展开成麦克劳林级数

$$\log(1 + x) = x - \frac{1}{2}x^2 + \frac{1}{3}x^3 - \frac{1}{4}x^4 + \cdots$$

我们有

$$F(n) = \left(\frac{1}{n} - \frac{1}{2n^2} + O\left(\frac{1}{n^3}\right)\right)^{-1} - n$$

其中 $O(x_n)\ (x_n > 0)$ 表示除以 x_n 所得出的有界量,
故得

$$\beta_{\min} = \lim_{n \to \infty} F(n) = \frac{1}{2}$$

问题 29 设 $r > 1$ 是整数,x 是实数,定义

$$f(x) = \sum_{k=0}^{\infty} \sum_{j=1}^{r-1} \left[\frac{x + jr^k}{r^k + 1} \right]$$

这里的方括号表示最大的整函数. 证明

$$f(x) = \begin{cases} [x], & x \geqslant 0 \\ [x+1], & x < 0 \end{cases}$$

证明

$$f(x) = \sum_{k=0}^{\infty} \sum_{j=1}^{r-1} \left[\frac{x}{r^{k+1}} + \frac{j}{r} \right]$$

$$= \sum_{k=0}^{\infty} \left\{ \left[\frac{x}{r^k} \right] - \left[\frac{x}{r^{k+1}} \right] \right\}$$

令 S_n 表示第 n 个部分和,有

$$S_n = [x] - \left[\frac{x}{r^{n+1}} \right]$$

因为 $r > 1$,故存在正整数 n_0 使得对一切 $n > n_0$,$\left| \dfrac{x}{r^{n+1}} \right| < 1$. 因此,对固定的 x 及 $n > n_0$,此部分和序列是常数. 当 $x \geqslant 0$ 及 $n > n_0$ 时,此序列是 $[x]$,而当 $x < 0$ 时,它等于 $[x] + 1 = [x+1]$.

问题 30 证明最接近于 $\dfrac{n!}{e}$ 的整数是 $n-1$ 的倍数.

证明 取到 $\dfrac{(-1)^n}{n!}$ 项的 e^{-1} 展开式之误差小于 $\dfrac{1}{(n+1)!}$. 于是最接近于 $\dfrac{n!}{e}$ 的整数是

$$P_n = n! \left(1 - \frac{1}{1!} + \frac{1}{2!} - \cdots + (-1)^n \frac{1}{n!} \right)$$

由上式的可除性得出

$$P_n = nP_{n-1} + (-1)^n$$
$$= (n-1)P_{n-1} + P_{n-1} + (-1)^n$$
$$= (n-1)P_{n-1} + (n-1)P_{n-2} + (-1)^{n-1} + (-1)^n$$
$$= (n-1)(P_{n-1} + P_{n-2})$$

问题 31　证明:实数 $R = \sqrt[3]{a + \sqrt[3]{a + \cdots}}$($a$ 是正整数)的有理性的必要且充分的条件是 $a = N(N+1) \cdot (N+2)$(三个相邻整数之积),并求出 R.

证明　定义 $R_1 = \sqrt[3]{a}$,$R_n = \sqrt[3]{a + R_{n-1}}$. 这时 $R_2 > R_1$,$R_k^3 - R_{k-1}^3 = R_{k-1} - R_{k-2}$,所以由归纳法知道,$\{R_n\}$ 是单调递增序列,而且 $R_1 < 1 + \sqrt[3]{a}$,$R_{k-1} < 1 + \sqrt[3]{a}$,意味着 $R_k^3 < a + 1 + \sqrt[3]{a} < (1 + \sqrt[3]{a})^3$,从而由归纳法又知道 $\{R_n\}$ 是有界的. 故 $\{R_n\}$ 收敛于极限 R. 但另一方面,$R^3 - R - a = 0$. 若 R 是有理数,a 是整数,则 R 是整数,且 $a = (R-1)R(R+1)$,即三个相邻整数之积. 于是条件是必要的,同时条件也是充分的.

问题 32　证明当 $n \to \infty$ 时

$$\left(1 + \frac{1}{n}\right)\left(1 + \frac{2}{n}\right)^{\frac{1}{2}}\left(1 + \frac{3}{n}\right)^{\frac{1}{3}} \cdots \left(1 + \frac{n}{n}\right)^{\frac{1}{n}}$$

趋近于 $\exp\left(\dfrac{\pi^2}{12}\right)$.

证明　取对数得

$$\log\left(1 + \frac{1}{n}\right) + \frac{1}{2}\log\left(1 + \frac{2}{n}\right) +$$

$$\frac{1}{3}\log\left(1 + \frac{3}{n}\right) + \cdots +$$

$$\frac{1}{n}\log\left(1 + \frac{n}{n}\right)$$

$$= \frac{1}{n}\Big(n\log\Big(1+\frac{1}{n}\Big) +$$

$$\frac{n}{2}\log\Big(1+\frac{2}{n}\Big) + \cdots +$$

$$\frac{n}{n}\log\Big(1+\frac{n}{n}\Big)\Big)$$

$$\to \int_0^1 \frac{\log(1+x)}{x}\mathrm{d}x \quad (n\to\infty)$$

但对 $0\leqslant x\leqslant 1$ 成立

$$\frac{\log(1+x)}{x} = 1-\frac{1}{2}x+\frac{1}{3}x^2-\cdots+(-1)^{n-1}\frac{1}{n}x^{n-1}+\cdots$$

从而

$$\int_0^1 \frac{\log(1+x)}{x}\mathrm{d}x = \sum_{n=1}^{\infty}(-1)^{n-1}\frac{1}{n^2}$$

$$= \sum_{n=1}^{\infty}\frac{1}{n^2} - 2\sum_{n=1}^{\infty}\frac{1}{(2n)^2} = \frac{\pi^2}{12}$$

这里 $\displaystyle\sum_{n=1}^{\infty} n^{-2} = \frac{\pi^2}{6}$.

问题 33 设

$$T_n = \frac{1}{n}\Big(\sin\frac{t}{n}+\sin\frac{2t}{n}+\cdots+\sin\frac{(n-1)t}{n}\Big)$$

证明

$$\lim_{n\to\infty} T_n = \frac{1-\cos t}{t}$$

证明 把 $[0,t]$ 分为 n 等份,可知

$$\lim_{n\to\infty}\frac{t}{n}\sum_{k=1}^{n}\sin\frac{kt}{n} = \int_0^t \sin x\,\mathrm{d}x = 1-\cos t$$

又因

$$\lim_{n\to\infty}\frac{\sin nt}{n} = 0$$

所以

$$\lim_{n\to\infty}\frac{1}{n}\sum_{k=1}^{n-1}\sin\frac{kt}{n} = \frac{1-\cos t}{t}$$

问题 34　设

$$P_n = \frac{\sqrt[n]{(n+1)(n+2)\cdots(n+n)}}{n}$$

证明:$\lim_{n\to\infty}P_n = \dfrac{4}{\mathrm{e}}$.

证明　因为

$$P_n = \left(\left(1+\frac{1}{n}\right)\left(1+\frac{2}{n}\right)\cdots\left(1+\frac{n}{n}\right)\right)^{\frac{1}{n}}$$

所以当 $n\to\infty$ 时

$$\log P_n = \frac{1}{n}\left(\log\left(1+\frac{1}{n}\right) + \log\left(1+\frac{2}{n}\right) + \cdots + \log\left(1+\frac{n}{n}\right)\right)$$

$$\to \int_0^1 \log(1+x)\,\mathrm{d}x = \log 4 - 1$$

问题 35　证明

$$\lim_{n\to\infty}\sum_{k=1}^{n}\frac{(k^2 n - a)^{\frac{1}{3}}}{kn} = \frac{3}{2}$$

证明　当 $n\to\infty$ 时,有

$$\sum_{k=1}^{n}\frac{(k^2 n - a)^{\frac{3}{2}}}{kn} = \frac{1}{n}\sum_{k=1}^{n}\frac{n}{k}\left(\left(\frac{k}{n}\right)^2 - \frac{a}{n^3}\right)^{\frac{1}{3}}$$

$$\to \int_0^1 \frac{x^{\frac{2}{3}}}{x}\mathrm{d}x = \frac{3}{2}$$

问题 36　证明

$$\lim_{n\to\infty}\sum_{k=1}^{n-1}\frac{n^2}{(n^2 + k^2)^{\frac{3}{2}}} = \frac{1}{\sqrt{2}}$$

证明　当 $n\to\infty$ 时,有

$$\sum_{k=1}^{n-1} \frac{n^2}{\left(n^2 + k^2\right)^{\frac{3}{2}}} = \frac{1}{n} \sum_{k=1}^{n-1} \frac{1}{\left(1 + \left(\frac{k}{n}\right)\right)^{\frac{3}{2}}}$$

$$\to \int_0^1 \frac{\mathrm{d}x}{\left(1 + x^2\right)^{\frac{3}{2}}}$$

$$= \left.\frac{x}{\sqrt{1 + x^2}}\right|_0^1 = 2^{-\frac{1}{2}}$$

问题 37   证明

$$\lim_{n \to \infty} \sum_{k=1}^{n} \frac{1}{\sqrt{2a^2 kn - 1}} = \frac{\sqrt{2}}{a}$$

证明   当 $n \to \infty$ 时,有

$$\sum_{k=1}^{n} \frac{1}{\sqrt{2a^2 kn - 1}} = \frac{1}{n} \sum_{k=1}^{n} \frac{1}{\sqrt{\frac{2a^2 k}{n} - \frac{1}{n^2}}}$$

$$\to \int_0^1 \frac{\mathrm{d}x}{\sqrt{2a^2 x}} = \frac{\sqrt{2}}{a}$$

问题 38   求 $n \to \infty$ 时,S_n 的极限,这里

$$S_n = \frac{1^2}{n^3 + 1^3} + \frac{2^2}{n^3 + 2^3} + \frac{3^2}{n^3 + 3^3} + \cdots + \frac{n^2}{n^3 + n^3}$$

解   显然

$$S_n = \sum_{k=1}^{n} \frac{1}{n} \frac{\frac{k^2}{n^2}}{1 + \frac{k^3}{n^3}} \to \int_0^1 \frac{x^2}{1 + x^3} \mathrm{d}x$$

$$= \frac{1}{3} \log 2 \quad (n \to \infty)$$

数列与级数

问题 1 试证:

(1) 若数列 $\{a_n\}$ 收敛于 a,则数列 $\left\{\dfrac{1}{n}\sum_{k=1}^{n}a_k\right\}$ 也收敛于 a.

(2) 设 $b_1,\cdots,b_p\in\mathbf{R},b_k\geqq0(k=1,\cdots,p)$,$p$ 是选定的数,则当 $a_n=\sqrt[n]{\sum_{k=1}^{p}b_k^n}$ 时,数列 $\{a_n\}$ 收敛于 $\max\{b_k\mid k=1,\cdots,p\}$.

(3) 给定 $a\in\mathbf{R},\alpha\in\mathbf{Q}$ 且 $|a|<1$. 于是 $\{n^\alpha\cdot a^n\}$ 收敛于 0. 对于任意的 $\varepsilon>0$,试确定一个 n,使得对于一切 $n>n_\varepsilon$,有 $|n^\alpha\cdot a^n|<\varepsilon$.

解 (1) 若一个数列 $\{y_n\}$ 收敛于 a,则必然有:对于每一个 $\varepsilon>0$,存在一个 n_ε,使得对于一切 $n>n_\varepsilon$,有 $|y_n-a|<\varepsilon$.

设 $\{y_n\}$ 是给定的数列 $\left\{\dfrac{1}{n}\sum_{k=1}^{n}a_k\right\}$,于是有

$$| \, y_n - a \, | \, = \, \left| \frac{1}{n} \sum_{k=1}^{n} a_k - a \right| = \left| \frac{1}{n} \left(\sum_{k=1}^{n} a_k - na \right) \right|$$

$$= \frac{1}{n} \left| \sum_{k=1}^{n} (a_k - a) \right| \leqslant \frac{1}{n} \sum_{k=1}^{n} | \, a_k - a \, |$$

按假设,数列 $\{a_n\}$ 是收敛的,极限值是 a,就是说,对于每一个 $\varepsilon > 0$,有一个 n_ε,使得对于一切 $n > n_\varepsilon$,有 $|a_n - a| < \frac{\varepsilon}{2}$. 所以,对于 $n > n_\varepsilon$,有

$$| \, y_n - a \, | \, \leqslant \frac{1}{n} \sum_{k=1}^{n} | \, a_k - a \, |$$

$$= \frac{1}{n} \sum_{n=1}^{n_\varepsilon} | \, a_k - a \, | + \frac{1}{n} \sum_{n_\varepsilon+1}^{n} | \, a_k - a \, |$$

$$< \frac{1}{n} \sum_{k=1}^{n_\varepsilon} | \, a_k - a \, | + \frac{n - n_\varepsilon}{n} \cdot \frac{\varepsilon}{2}$$

$$< \frac{1}{n} \sum_{k=1}^{n_\varepsilon} | \, a_k - a \, | + \frac{\varepsilon}{2}$$

$\frac{2}{\varepsilon} \sum_{k=1}^{n_\varepsilon} | \, a_k - a \, | = n'_\varepsilon$ 是一个与 n 无关的数,它也

不一定是整数. 于是对于一切 $n > n'_\varepsilon$,有 $\frac{1}{n} \sum_{k=1}^{n_\varepsilon} | \, a_k - a | =$

$\frac{\varepsilon n'_\varepsilon}{2n} < \frac{\varepsilon}{2}$. 从而,对于一切 $n > \max \{ n'_\varepsilon, n_\varepsilon \}$,有 $|y_n - a| <$

$\frac{\varepsilon}{2} + \frac{\varepsilon}{2} < \varepsilon$.

（2）设 $a = \max \{ b_k \, | \, k = 1, \cdots, p \}$,于是有

$$| \, a_n - a \, | \, = \, \left| \sqrt[n]{\sum_{k=1}^{p} b_k^n} - a \right|$$

$$\leqslant | \, \sqrt[n]{pa^n} - a \, |$$

$$= a(\sqrt[n]{p} - 1) \qquad\qquad (1)$$

因为按 a 的定义有 $b_k \leqslant a$，所以 $b_k^n \leqslant a^n$，于是 $\sum\limits_{k=1}^{p} b_k^n \leqslant$ pa^n. 还有 $\sqrt[n]{p} \geqslant 1$，由于 $b_k \geqslant 0$，有 $a \geqslant 0$. 由于 $\{\sqrt[n]{p}\}$ 收敛于 1，由式（1）就得到所述的断言.

（3）当 $\alpha \in \mathbf{Q}, |a| < 1, \{n^\alpha a^n\}$ 是收敛于 0 的. 平凡情形：$a = 0$；数列全都由 0 所组成，于是收敛于 0. 对于每一个 $\varepsilon > 0$，可以取 $n_\varepsilon = 0$. 现在设 $a \neq 0$，且 $\alpha \leqslant 0$，于是有 $n^\alpha \leqslant 1$，且 $|n^\alpha a^n| \leqslant |a|^n$，由于 $|a| < 1, \{|a|^n\}$ 收敛于 0. 根据比较定理，$\{n^\alpha a^n\}$ 也收敛于 0. 为了确定 n_ε，令 $b = \dfrac{1}{|a|} - 1$；由于 $0 < |a| < 1$，就有 $b > 0$，及 $|a| = \dfrac{1}{1+b}$. 根据伯努利不等式 $(1+b)^n > 1 + nb$，就有

$$|a|^n \leqslant \frac{1}{1+nb} < \frac{1}{nb}$$

数 $n_\varepsilon = \left[\dfrac{1}{\varepsilon b}\right]$（其中 $[x]$ 表示不大于 x 的最大整数）就具有所要求的性质，即对于一切 $n > n_\varepsilon$，有 $|n^\alpha a^n| < \varepsilon$.

余下的情形是 $a \neq 0, \alpha > 0$. 令 $c = |a|^{-\frac{1}{\alpha}}$，就得到 $c > 1$（由于 $0 < |a| < 1, \alpha > 0$）及 $|n^\alpha a^n| = n^\alpha |a|^n = n^\alpha c^{-\alpha n} = \left(\dfrac{n}{c^n}\right)^\alpha$. 类似于前面的情形，如果设 $c = 1 + b$，就有 $b > 0$ 以及

$$(1+b)^n > 1 + nb + \frac{n(n-1)}{2}b^2 > \frac{n(n-1)}{2}b^2$$

于是

$$\left(\frac{n}{c^n}\right)^\alpha < \left(\frac{n}{\dfrac{n(n-1)b^2}{2}}\right)^\alpha = \left(\frac{2}{(n-1)b^2}\right)^\alpha$$

从而得到断言：$\{n^\alpha a^n\}$ 收敛于 0. 还有，n_ε 可以由 $\left(\dfrac{2}{(n-1)b^2}\right)^\alpha < \varepsilon$ 来确定. 这个不等式与 $n > 1 + \dfrac{2}{b^2 \varepsilon^{\frac{1}{\alpha}}}$ 等价，就是说

$$n_\varepsilon = 1 + \left[\frac{2}{b^2 \varepsilon^{\frac{1}{\alpha}}}\right]$$

满足所要求的条件，它对于一切 $n > n_\varepsilon$，有 $|n^\alpha a^n| < \varepsilon$.

注意 因为 $\alpha \in \mathbf{Q}$（就是说，譬如 $\alpha = \dfrac{p}{q}$，其中 p，$q \in \mathbf{Z}, q > 0$），所有的幂 x^α 由 $\sqrt[q]{x^p}$ 来定义. 这里假设不具有一般幂函数、或者指数函数与对数函数的知识，利用这个一般幂函数，证明可以简化，而且 n_ε 可以大为"改善".

问题 2 试确定极限值：

$$(1)\ \lim_{n \to \infty} \sum_{k=1}^{n} \frac{n}{n^2 + k^2}; \quad (2)\ \lim_{n \to \infty} \sum_{k=1}^{n} \frac{1}{\sqrt{n^2 + k^2}}.$$

其中和式 $\displaystyle\sum_{k=1}^{n} \frac{n}{n^2 + k^2}$ 与 $\displaystyle\sum_{k=1}^{n} \frac{1}{\sqrt{n^2 + k^2}}$ 理解为某个适当的函数与适当分割的达布[①]和.

解 我们可以把和式 $\displaystyle\sum_{k=1}^{n} \frac{n}{n^2 + k^2}$ 理解为下面的达布和：

---

① 达布（Darboux，1842—1917），法国数学家.

设 P 是区间 $[0,1]$ 的一个等距分割, 就是说, $P = \left\{0, \dfrac{1}{n}, \dfrac{2}{n}, \cdots, \dfrac{n}{n}\right\}$, $x_k = \dfrac{k}{n}$, $\Delta x_k = \dfrac{1}{n}$. 再以函数 $x \to \dfrac{1}{1+x^2}$ 为基础. 于是有

$$\overline{S}_f(P) = \sum_{k=1}^{n} \Delta x_k \overline{f}_k = \sum_{k=1}^{n} \frac{1}{n} \cdot \frac{1}{1+\dfrac{k^2}{n^2}}$$

因为 f 在 $[0,1]$ 上是一个单调函数, 且函数值有界, 所以积分存在

$$\int_0^1 f(x)\,\mathrm{d}x = \int_0^1 \frac{1}{1+x^2}\mathrm{d}x = \arctan x \Big|_0^1 = \frac{\pi}{4}$$

所属的达布和 $\overline{S}_f(P)$ 趋于同一个值. 从而得到

$$\lim_{n \to \infty} \sum_{k=1}^{n} \frac{n}{n^2+k^2} = \frac{\pi}{4}$$

(2) 与 (1) 相类似, 可以把和式 $\displaystyle\sum_{k=1}^{n} \frac{1}{\sqrt{n^2+k^2}}$ 理解

为属于积分 $\displaystyle\int_0^1 \frac{1}{\sqrt{1+x^2}}\mathrm{d}x$ 的达布和, 从而得到

$$\lim_{n \to \infty} \sum_{k=1}^{n} \frac{1}{\sqrt{n^2+k^2}} = \ln(x + \sqrt{1+x^2}) \mid_0^1$$

$$= \ln(1 + \sqrt{2})$$

问题 3　用递推公式定义序列 $v_n = v_n(x)$ 为

$$v_1 = x, v_{n+1} = \left(2 + \frac{1}{n}\right)v_n - 1, n \geqslant 1$$

不难证明: 对于 x 的至多一个实数值, 序列 $v_1, v_2, v_3, \cdots$ 收敛. 试求出这种 x, 使得 $v_1, v_2, v_3, \cdots$ 收敛.

证明 由数学归纳法有

$$v_n = \frac{1 \cdot 3 \cdot \cdots \cdot (2n-1)(x-s_n)}{(n-1)!}, n = 1,2,3,\cdots$$

其中

$$s_1 = 0, s_{n+1} = s_n + \frac{n!}{1 \cdot 3 \cdot \cdots \cdot (2n+1)}$$

若 $v_1, v_2, v_3, \cdots$ 收敛，则当 $n \to \infty$ 时，$x - s_n \to 0$，由此

$$x = \lim_{n \to \infty} s_n = \sum_{n=1}^{\infty} \frac{n!}{1 \cdot 3 \cdot \cdots \cdot (2n+1)} = \frac{\pi}{2} - 1$$

（见本题的注）对这个 x 求得

$$v_n = \frac{n}{2n+1} + \frac{n(n+1)}{(2n+1)(2n+3)} + \cdots$$

因为这里的第 k 项递增且趋于 2^{-k}，故 v_n 趋于

$\frac{1}{2} + \frac{1}{4} + \cdots = 1.$

注 为要检验

$$\sum_{n=1}^{\infty} \frac{n!}{1 \cdot 3 \cdot \cdots \cdot (2n+1)} = \frac{\pi}{2} - 1$$

注意到 $m = 1,2,3,\cdots$ 时

$$\int_0^{\frac{\pi}{2}} \sin^{2m+1} x \, dx = \frac{2 \cdot 4 \cdot 6 \cdot \cdots \cdot 2m}{1 \cdot 3 \cdot 5 \cdot \cdots \cdot (2m+1)}$$

$$= \frac{2^m m!}{1 \cdot 3 \cdot 5 \cdot \cdots \cdot (2m+1)}$$

所以

$$\frac{1}{1 \cdot 3} + \frac{1 \cdot 2}{1 \cdot 3 \cdot 5} + \frac{1 \cdot 2 \cdot 3}{1 \cdot 3 \cdot 5 \cdot 7} + \cdots$$

$$= \int_0^{\frac{\pi}{2}} \left(\frac{\sin^3 x}{2} + \frac{\sin^5 x}{2^2} + \frac{\sin^7 x}{2^3} + \cdots \right) dx$$

$$= \int_0^{\frac{\pi}{2}} \sin x \left(\frac{1}{1 - \dfrac{\sin^2 x}{2}} - 1 \right) \mathrm{d}x$$

$$= 2 \int_0^{\frac{\pi}{2}} \frac{\sin x}{1 + \cos^2 x} \mathrm{d}x - 1$$

令 $\tan \dfrac{x}{2} = t$，最后的积分变成 $4 \displaystyle\int_0^1 (1 + t^4)^{-1} t \mathrm{d}t = \dfrac{\pi}{2}$，

得出所需要的结果.

问题 4　证明

$$\left\{ \frac{(4n+3)(2n+1)}{4n+4} \frac{\pi}{2} \right\}^{\frac{1}{2}} > \frac{2 \cdot 4 \cdot \cdots \cdot (2n)}{1 \cdot 3 \cdot \cdots \cdot (2n-1)}$$

$$> \left\{ \frac{2n(2n+1)}{4n+1} \cdot \pi \right\}^{\frac{1}{2}}$$

证明　我们注意对大于 1 的整数 k 有

$$\int_0^{\frac{\pi}{2}} \sin^k x \mathrm{d}x = \frac{k-1}{k} \int_0^{\frac{\pi}{2}} \sin^{k-2} x \mathrm{d}x$$

于是

$$\int_0^{\frac{\pi}{2}} \sin^k x \mathrm{d}x = \begin{cases} \dfrac{(k-1)(k-3)\cdots 4 \cdot 2}{k(k-2)\cdots 5 \cdot 3 \cdot 1}, & \text{当 } k \text{ 为奇数时} \\[3mm] \dfrac{(k-1)(k-3)\cdots 3 \cdot 1}{k(k-2)\cdots 4 \cdot 2} \cdot \dfrac{\pi}{2}, & \text{当 } k \text{ 为偶数时} \end{cases}$$

因为 $(\sin x - 1)^2 \geqslant 0$，故有不等式 $1 \geqslant 2\sin x - \sin^2 x$. 用 $\sin^{2n-1} x$ 及 $\sin^{2n} x$ 乘此不等式并从 0 到 $\dfrac{\pi}{2}$ 积分得出所要求的结果.

问题 5　证明

$$\frac{1}{2n+2} + \frac{1}{2} \cdot \frac{1}{2n+4} + \frac{1 \cdot 3}{2 \cdot 4} \cdot \frac{1}{2n+6} +$$

$$\frac{1 \cdot 3 \cdot 5}{2 \cdot 4 \cdot 6} \cdot \frac{1}{2n+8} + \cdots$$

$$= \frac{2 \cdot 4 \cdot 6 \cdot \cdots \cdot (2n)}{3 \cdot 5 \cdot 7 \cdot \cdots \cdot (2n+1)}$$

证明 首先注意,对 $|x| < 1$,有

$$\frac{1}{\sqrt{1-x^2}} = 1 + \frac{1}{2}x^2 + \frac{1 \cdot 3}{2 \cdot 4}x^4 + \frac{1 \cdot 3 \cdot 5}{2 \cdot 4 \cdot 6}x^6 + \cdots$$

所以

$$\frac{x^{2n+1}}{\sqrt{1-x^2}} = x^{2n+1} + \frac{1}{2}x^{2n+3} +$$

$$\frac{1 \cdot 3}{2 \cdot 4}x^{2n+5} + \frac{1 \cdot 3 \cdot 5}{2 \cdot 4 \cdot 6}x^{2n+7} + \cdots$$

于是

$$\int_0^1 \frac{x^{2n+1}}{\sqrt{1-x^2}}\mathrm{d}x = \frac{1}{2n+2} + \frac{1}{2} \cdot \frac{1}{2n+4} + \frac{1 \cdot 3}{2 \cdot 4} \cdot \frac{1}{2n+6} +$$

$$\frac{1 \cdot 3 \cdot 5}{2 \cdot 4 \cdot 6} \cdot \frac{1}{2n+8} + \cdots$$

另外,令 $x = \sin t$,得

$$\int_0^1 \frac{x^{2n+1}}{\sqrt{1-x^2}}\mathrm{d}x = \int_0^{\frac{\pi}{2}} \sin^{2n}t\mathrm{d}t = \frac{2 \cdot 4 \cdot 6 \cdot \cdots \cdot (2n)}{3 \cdot 5 \cdot 7 \cdot \cdots \cdot (2n+1)}$$

问题6 设 k 是非负整数,$0 < a < b$. 计算作为和式的极限 $\int_a^b x^k \mathrm{d}x$.

解 令 $q = \sqrt[n]{\frac{b}{a}}$,考虑区间 $[a, b]$ 的划分

$$a < aq < aq^2 < \cdots < aq^{n-1} < aq^n < b$$

我们要求和式

$$a^k(aq - a) + (aq)^k(aq^2 - aq) + \cdots + (aq^{n-1})^k(aq^n - aq^{n-1})$$

$$= a^{k+1}(q-1)(1+q^{k+1}+q^{2(k+1)}+\cdots+q^{(n-1)(k+1)})$$

$$= a^{k+1}(q-1)\frac{q^{n(k+1)}-1}{q^{k+1}-1}$$

$$= (b^{k+1}-a^{k+1})\frac{q-1}{q^{k+1}-1}$$

$$= (b^{k+1}-a^{k+1})\frac{1}{q^{k}+q^{k-1}+\cdots+1}$$

但是 $\lim\limits_{n\to\infty}\sqrt[n]{\dfrac{b}{a}}=1$,所以

$$\lim_{n\to\infty}(q^{k}+q^{k-1}+\cdots+1)=k+1$$

注　为了证明 $\displaystyle\int_{1}^{b}\frac{1}{x}\mathrm{d}x=\log b(b>1)$,可以这样

进行:取分点 $x_i=b^{\frac{i}{n}}(i=0,1,2,\cdots,n)$,并考虑和式

$$\sum_{i=1}^{n}\frac{b^{\frac{i}{n}}-b^{\frac{i-1}{n}}}{b^{\frac{i-1}{n}}}=\sum_{i=1}^{n}(b^{\frac{1}{n}}-1)$$

$$=n(b^{\frac{1}{n}}-1)$$

而 $\lim\limits_{n\to\infty}\left[b^{\frac{1}{n}}-1\right]=\log b$.

问题7　证明任何不可数的实数集包含相异数所

成的序列 $\{x_n\}_{n=1}^{\infty}$ 使 $\displaystyle\sum_{n=1}^{\infty}x_n=\pm\infty$.

证明　因为这个集合是不可数的无限集,故它必

有一个凝聚点 a. 为了明确起见,我们假定 $a\geqslant 0$. 若

$a>0$,则邻域 $\left(\dfrac{a}{2},\dfrac{3a}{2}\right)$ 内包含了已知集的不可数个点,

得出所需要的结果. 若 $a=0$,则邻域 $(-1,1)$ 包含了已

知集的不可数个点,于是至少有一个区间 $(-1,0)$ 或

(0,1)包含已知集的不可数个点,设(0,1)包含已知集的不可数个点. 考虑区间(0,1)内形如

$$\left(\frac{1}{k+1},\frac{1}{k}\right),k=1,2,3,\cdots$$

的一切子区间,可知至少有其中一个区间

$$\left(\frac{1}{k_0+1},\frac{1}{k_0}\right)$$

必含有已知集的不可数个点. 在区间

$$\left(\frac{1}{k_0+1},\frac{1}{k_0}\right)$$

内选取题设的那种序列 $\{x_n\}_{n=1}^{\infty}$,显然得出 $\sum\limits_{n=1}^{\infty}x_n=\infty$.

问题 8 在 xy 平面内,举出通过单位正方形 $[0,1]\times[0,1]$ 上每一个点的连续曲线的例子.

解 设 g 在区间 $[0,2]$ 上定义为

$$g(t)=0 \quad \left(0\leqslant t\leqslant\frac{1}{3}\text{及}\frac{5}{3}<t\leqslant2\right)$$

$$=3t-1 \quad \left(\frac{1}{3}<t\leqslant\frac{2}{3}\right)$$

$$=1 \quad \left(\frac{2}{3}<t\leqslant\frac{4}{3}\right)$$

$$=-3t+5 \quad \left(\frac{4}{3}<t\leqslant\frac{5}{3}\right)$$

令 $g(t+2)=g(t)$ 把 g 的定义域扩张到整个实轴 $\mathbf{R}^1$. 注意 g 在 $\mathbf{R}^1$ 上连续且以 2 为周期. 我们现在把两个函数 x,y 定义为

$$x(t)=\sum_{n=1}^{\infty}\frac{g(3^{2n-2}t)}{2^n},y(t)=\sum_{n=1}^{\infty}\frac{g(3^{2n-1}t)}{2^n}$$

这两个级数都在 $\mathbf{R}^1$ 上一致收敛, 而且两个函数 x, y 都在 $\mathbf{R}^1$ 上连续.

令 $z = (x, y)$, G 表示在 z 下区间 $[0,1]$ 的象. 我们将证明 $G = [0,1] \times [0,1]$.

显然, 对每个 t, $0 \leqslant x(t) \leqslant 1$, $0 \leqslant y(t) \leqslant 1$, 因为级数 $\sum\limits_{n=1}^{\infty} 2^{-n} = 1$. 于是, G 是 $[0,1] \times [0,1]$ 的子集. 余下的要证明 $(a, b) \in [0,1] \times [0,1]$. 为此, 我们把 a, b 表示成二进制小数, 即令

$$a = \sum_{n=1}^{\infty} \frac{a_n}{2^n}, b = \sum_{n=1}^{\infty} \frac{b_n}{2^n}$$

这里每个 a_n 和 b_n 都是 0 或 1. 令

$$c = 2 \sum_{n=1}^{\infty} \frac{c_n}{3^n}$$

其中 $c_{2n-1} = a_n$, $c_{2n} = b_n (n = 1, 2, \cdots)$.

由于 $2 \sum\limits_{n=1}^{\infty} 3^{-n} = 1$, 故 $0 \leqslant c \leqslant 1$. 我们将证明 $x(c) = a$, $y(c) = b$.

如果我们能够证明对 $k = 1, 2, \cdots$, 有
$$g(3^k c) = c_{k+1} \tag{1}$$
成立, 则有
$$g(3^{2n-2} c) = c_{2n-1} = a_n$$
$$g(3^{2n-1} c) = c_{2n} = b_n$$
然而, 这就得出 $x(c) = a$, $y(c) = b$. 为要证明式 (1), 我们令

$$3^k c = 2 \sum_{n=1}^{k} \frac{c_n}{3^{n-k}} + 2 \sum_{n=k+1}^{\infty} \frac{c_n}{3^{n-k}} = （某个偶整数）+ d_k$$

其中
$$d_k = 2\sum_{n=1}^{\infty} \frac{c_{n+k}}{3^n}$$

由于 g 以 2 为周期，故 $g(3^k c) = g(d_k)$. 若 $c_{k+1} = 0$，则有

$$0 \leqslant d_k \leqslant 2\sum_{n=2}^{\infty} 3^{-n} = \frac{1}{3}$$

于是 $g(d_k) = 0$，这时式（1）是成立的. 其他只需考虑 $c_{k+1} = 1$ 的情况. 而此时有 $\frac{2}{3} \leqslant d_k \leqslant 1$，所以 $g(d_k) = 1$. 因此式（1）在所有情况下都成立，得出所要求的结果.

问题 9 若

$$F(x) = \sum_{n=1}^{\infty} \frac{n^{n-1} x^{n-1}}{n!} e^{-nx} \qquad (1)$$

当 x 在 0 与 1 之间变化时，$F(x) = 1$. 当 $x > 1$ 时，$F(x) \neq 1$. 求 $h \to 0$（经过正值）时 $\dfrac{F(1+h) - F(1)}{h}$ 的极限.

解 本题的解主要根据以下事实：在式（1）中的函数 $F(x)$ 是由

$$xF(x) = \begin{cases} x, 0 < x \leqslant 1 \\ w(x), 1 \leqslant x \end{cases} \qquad (2)$$

所给出的，其中 $w(x)$ 定义为：对所有 $x > 0$ 有

$$we^{-w} = xe^{-x} \qquad (3)$$

且当 $0 < x \leqslant 1$ 时，$w(x) \geqslant 1$，而当 $1 \leqslant x$ 时

$$w(x) \leqslant 1 \qquad (4)$$

函数 $w(x)$ 用显式表示为

$$w(x) = xs(x) \quad (x > 0) \qquad (5)$$

其中 s 是 $\dfrac{\log x}{x-1}$ 的反函数,即

$$\frac{\log s}{s-1} = x \quad (x>0) \qquad (6)$$

于是

$$F(x) = 1 \quad (0<x\leqslant 1), F(x) = s(x) \quad (1\leqslant x) \,(7)$$

实际上,把 $\sigma e^{-\sigma} = \lambda\left(\lambda \leqslant \dfrac{1}{e}\right)$ 所定义的函数 $\sigma(\lambda)$

展开成 Burmann – 拉格朗日级数为

$$\sigma(\lambda) = \sum_{n=1}^{\infty} \frac{n^{n-1}}{n!}\lambda^n, \mid \lambda \mid < \frac{1}{e}$$

为了从式(1)得到式(2)的关系式,只要令 $\lambda = xe^{-x}$ 即可,这里 $w(x)$ 由式(3)给出. 现在,在式(3)中令 $w(x) = xs(x)$,得到方程(6),即 $s(x)$ 是 $\dfrac{\log x}{x-1}$ 的反函数,而 $w^{-1}(x) = w(x)$;但对 $x \geqslant 1$,$F(x) = s(x)$,且 $s'(1) = -2$. 于是当 $h \to 0$(经过正值)时

$$\frac{F(1+h)-F(1)}{h} \to -\frac{1}{2}$$

问题 10　若 x 是正数,证明

$$R(x) = \frac{1}{x+1} + \frac{2^0}{(x+2)^2} + \frac{3^1}{(x+3)^3} + \frac{4^2}{(x+4)^4} +$$

$$\frac{5^3}{(x+5)^5} + \cdots < \frac{1}{x} \qquad (1)$$

并近似地求出 x 为充分大的数时的差分. 从而证明

$$\frac{1}{1\,001} + \frac{1}{1\,002^2} + \frac{3}{1\,003^3} + \frac{4^2}{1\,004^4} + \frac{5^3}{1\,005^5} + \frac{6^4}{1\,006^6} + \cdots$$

小于 $\dfrac{1}{1\,000}$,误差接近于 10^{-440}.

Maclaurin 级数与 Taylor 展式

证明　注意到式(1)中的函数 $R(x)$ 是问题 9 的式(1)中的函数 $F(x)$ 的拉普拉斯变换,并且 $F(x)$ 由问题 9 的式(2)与问题 9 的式(5)给出. 因此,只要把 $R(x)$ 用 $s(x)$ 表示为

$$R(x) = \int_0^\infty e^{-xt} F(t) dt = \int_0^1 e^{-xt} dt + \int_1^\infty e^{-xt} s(t) dt$$

$$= \frac{1}{x} + \frac{1}{x} \int_1^\infty e^{-xt} ds \tag{2}$$

利用代换

$$\sigma = s(t), t = s^{-1}(\sigma) = \frac{\log \sigma}{\sigma - 1}$$

故得

$$R(x) = \frac{1}{x} - \frac{e^{-x}}{x} \int_0^1 (e(1 - \sigma)^{\frac{1}{\sigma}})^x d\sigma$$

但是

$$e(1 - \sigma)^{\frac{1}{\sigma}} \leqslant (1 - \sigma)^{\frac{1}{2}}, 0 \leqslant \sigma \leqslant 1$$

且

$$e(1 - \sigma)^{\frac{1}{\sigma}} \geqslant \begin{cases} \left(1 - \dfrac{4\sigma}{3}\right)^{\frac{3}{8}}, & 0 \leqslant \sigma \leqslant \dfrac{3}{4} \\ 0, & \dfrac{3}{4} \leqslant \sigma \leqslant 1 \end{cases}$$

因此

$$\frac{2}{x + \dfrac{8}{3}} \leqslant \int_0^1 (e(1 - \sigma)^{\frac{1}{\sigma}})^x d\sigma \leqslant \frac{2}{x + 2} \tag{3}$$

从而

$$R(x) = \frac{1}{x} - \frac{2e^{-x}}{x(x + 2 + \theta)}, 0 < \theta < \frac{2}{3} \tag{4}$$

式(3)中的极限值 $\dfrac{8}{3}$ 与 2 实际上分别在 $x = \infty$ 与 $x = 0$ 处取得,即 $\theta(\infty) = \dfrac{2}{3}, \theta(0) = 0$,其中函数 $\theta(x)$ 由式(4)定义

在式(4)中令 $x = 1\,000$ 得

$$10^{-439.994\,608} < \frac{1}{1\,000} - R(1\,000) < 10^{-439.994\,319}$$

即乘以 10^{-440} 所得到的数介于 $1.012\,497\,8$ 与 $1.012\,494\,45$ 之间.

问题 11　证明级数

$$\frac{x}{1-x^2} + \frac{x^2}{1-x^4} + \frac{x^4}{1-x^8} + \cdots$$

当 $|x| < 1$ 时收敛于 $\dfrac{x}{1-x}$,而当 $|x| > 1$ 时收敛于 $\dfrac{1}{1-x}$.

证明　因为

$$\frac{x}{1-x^2} - \frac{x}{1-x} = -\frac{x^2}{1-x^2}$$

所以

$$\frac{x^{2^n}}{1-x^{2^{n+1}}} - \frac{x^{2^n}}{1-x^{2^n}} = -\frac{x^{2^{n+1}}}{1-x^{2^{n+1}}}$$

由数学归纳法得

$$\frac{x}{1-x^2} + \frac{x^2}{1-x^4} + \frac{x^4}{1-x^8} + \cdots + \frac{x^{2^n}}{1-x^{2^{n+1}}}$$

$$= \frac{x}{1-x} - \frac{x^{2^{n+1}}}{1-x^{2^{n+1}}}$$

第二项的极限在 $|x| < 1$ 时为 0,而在 $|x| > 1$ 时为 1.

问题 12　对 $|x| < 1$,证明

$$P_n(x) = (1+x)(1+x^2)(1+x^4)\cdots(1+x^{2^{n-1}})$$
$$\to \frac{1}{1-x} \quad (n\to\infty)$$

证明 由于

$$(1-x)P_n(x) = (1-x^2)(1+x^2)(1+x^4)\cdots(1+x^{2^{n-1}})$$
$$= (1-x^4)(1+x^4)\cdots(1+x^{2^{n-1}})$$

等等,可知$(1-x)P_n(x) = 1-x^{2^n}$,或者

$$P_n(x) = \frac{1-x^{2^n}}{1-x}$$

因此$|x| < 1$ 时, $\lim\limits_{n\to\infty} P_n(x) = \frac{1}{1-x}$.

问题 13 计算

$$\lim_{t\to\infty}\left(\frac{1}{t} + \frac{2t}{t^2+1^2} + \frac{2t}{t^2+2^2} + \cdots + \frac{2t}{t^2+n^2} + \cdots\right)$$

解 设$f(x) = \dfrac{2}{1+x^2}, h = \dfrac{1}{t}$,则

$$\int_h^{(m+1)h} f(x)\,dx \leqslant h(f(h)+f(2h)+\cdots+f(mh))$$
$$\leqslant \int_h^{mh} f(x)\,dx$$

当$m\to\infty$ 时,得

$$\int_h^\infty f(x)\,dx \leqslant h\sum_{n=1}^\infty f(nh) \leqslant \int_0^\infty f(x)\,dx$$

但是

$$\int_h^\infty f(x)\,dx = \pi - 2\arctan h$$

而且

$$\int_0^\infty f(x)\,dx = \pi$$

故所求的极限值等于 π.

问题 14　证明：对所有实数 x 有

$$|e^x(12-6x+x^2)-(12+6x+x^2)| \leqslant \frac{1}{60}|x|^5 e^{|x|}$$

证明　考虑恒等式

$$\frac{e^x - \left(1+x+\dfrac{x^2}{2}\right)}{x^3} = \frac{1}{3!} + \frac{x}{4!} + \frac{x^2}{5!} + \cdots$$

两次微分上面的恒等式得

$$\frac{e^2(12-6x+x^2)-(12+6x+x^2)}{x^5}$$

$$= \frac{2}{5!} + \cdots + \frac{(n+1)(n+2)}{(n+5)!}x^n + \cdots$$

$$= \frac{1}{60} + \cdots + \frac{1}{(n+3)(n+4)(n+5)}\frac{x^n}{n!} + \cdots$$

$$= \frac{1}{60}\left(1 + \cdots + \frac{60}{(n+3)(n+4)(n+5)}\frac{x^n}{n!} + \cdots\right)$$

但是

$$\frac{60}{(n+3)(n+4)(n+5)}\frac{|x|^n}{n!} \leqslant \frac{|x|^n}{n!}$$

所以

$$60\left|\frac{e^x(12-6x+x^2)-(12+6x+x^2)}{x^5}\right|$$

$$\leqslant 1 + \cdots + \frac{|x|^n}{n!} + \cdots = e^{|x|}$$

得出所要求的结果.

　　注　问题 14 的结果可推广到：对任何实数 x，均有

$$\left| \sum_{k=0}^{n} ((-1)^{k} e^{x} + (-1)^{n+1}) \binom{n+k}{n} \frac{x^{n-k}}{(n-k)!} \right|$$

$$\leqslant \frac{1}{(2n+1)!} |x|^{2n+1} e^{|x|}$$

问题 15 证明当 $n \to \infty$ 时, 乘积

$$\left(1 + \frac{1}{a-1}\right)\left(1 - \frac{1}{2a-1}\right)\left(1 + \frac{1}{3a-1}\right)\left(1 - \frac{1}{4a-1}\right) \cdot$$

$$\left(1 + \frac{1}{(2n-1)a-1}\right)\left(1 - \frac{1}{2na-1}\right)$$

趋于极限 $2^{\frac{1}{a}}$, 这里假定 $a \neq 0, 1, \frac{1}{2}, \frac{1}{3}, \frac{1}{4}, \cdots$.

证明

$$\left(1 + \frac{1}{a-1}\right)\left(1 - \frac{1}{2a-1}\right)\left(1 + \frac{1}{3a-1}\right)\left(1 - \frac{1}{4a-1}\right) \cdot$$

$$\left(1 + \frac{1}{(2n-1)a-1}\right)\left(1 - \frac{1}{2na-1}\right)$$

$$= \frac{(n+1)a}{(n+1)a-1} \cdot \frac{(n+2)a}{(n+2)a-1} \cdots \frac{(n+n)a}{(n+n)a-1}$$

$$= \frac{1}{\left\{1 - \frac{1}{n}\frac{1}{\left(1+\frac{1}{n}\right)a}\right\}} \frac{1}{\left\{1 - \frac{1}{n}\frac{1}{\left(1+\frac{2}{n}\right)a}\right\}} \cdots \frac{1}{\left\{1 - \frac{1}{n}\frac{1}{\left(1+\frac{n}{n}\right)a}\right\}}$$

但因为

$$\lim_{n \to \infty} \sum_{k=1}^{n} \log\left(1 - \frac{1}{n}\frac{1}{\left(1+\frac{k}{n}\right)a}\right) = \lim_{n \to \infty} \sum_{k=1}^{n} -\frac{1}{n}\frac{1}{\left(1+\frac{k}{n}\right)a}$$

故上述表达式趋于

$$\exp\left(-\frac{1}{a}\int_{0}^{1}\frac{dx}{1+x}\right) = \exp\left(-\frac{1}{a}\log 2\right) = 2^{-\frac{1}{a}} \quad (n \to \infty)$$

172

事实上, 对 $|x| \leqslant \dfrac{1}{2}$, $|\log(1+x) - x| \leqslant x^2$, 于是令

$$A_{k,n} = \frac{-1}{\left(1 + \dfrac{k}{n}\right)a}, \quad B_n = \frac{1}{n}$$

当 $|A_{k,n}| B_n \leqslant \dfrac{1}{2}$ 时得

$$\left| \sum_{k=1}^{n} \log(1 + A_{k,n} B_n) - \sum_{k=1}^{n} A_{k,n} B_n \right| \leqslant B_n \cdot \sum_{k=1}^{n} A_{k,n}^2 B_n$$

取 n 足够大可得 $|A_{k,n}| B_n \leqslant \dfrac{1}{2}$, $k = 1, 2, \cdots, n$, 并且

$$B_n \cdot \sum_{k=1}^{n} A_{k,n}^2 B_n$$

与 0 之差任意小.

　　注　作为问题 15 结果的特殊情况, 注意 $a = 2$ 时有

$$\frac{1}{2} \cdot \frac{3}{2} \cdot \frac{5}{6} \cdot \frac{7}{6} \cdot \frac{9}{10} \cdot \frac{11}{10} \cdots = \frac{1}{\sqrt{2}}$$

当 $n \to \infty$ 时

$$\frac{(n^2+1)(n^2+2) \cdots (n^2+n)}{(n^2-1)(n^2-2) \cdots (n^2-n)}$$

$$= \frac{1 + \dfrac{1}{n} \dfrac{1}{n}}{1 - \dfrac{1}{n} \dfrac{1}{n}} \cdot \frac{1 + \dfrac{2}{n} \dfrac{1}{n}}{1 - \dfrac{2}{n} \dfrac{1}{n}} \cdots \frac{1 + \dfrac{n}{n} \dfrac{1}{n}}{1 - \dfrac{n}{n} \dfrac{1}{n}}$$

的极限值为

$$\frac{\exp\left(\displaystyle\int_0^1 x \, \mathrm{d}x\right)}{\exp\left(-\displaystyle\int_0^1 x \, \mathrm{d}x\right)} = \mathrm{e}$$

证法类似于问题 15 解答中用过的方法.

问题 16 作为微分方程的解,求

$$S = \sum_{n=0}^{\infty} (-1)^n \binom{p+n-1}{n} r^n, \ |r| < 1$$

的值.

解 设 u_n 表示 S 的第 $n+1$ 项,则

$$\frac{u_n}{u_{n-1}} = -r\frac{p+n-1}{n}$$

$$\sum_{n=0}^{\infty} nu_n = -r\sum_{n=0}^{\infty} (p+n-1)u_{n-1}$$

或者

$$\sum_{n=0}^{\infty} nu_n = -r\sum_{n=0}^{\infty} (p+n)u_n \qquad (1)$$

但是

$$\sum_{n=0}^{\infty} nu_n = r\frac{\mathrm{d}s}{\mathrm{d}r}$$

所以式(1)变为

$$\frac{\mathrm{d}S}{\mathrm{d}r} + \frac{p}{1+r}S = 0$$

由此得出

$$\log S + p\log(1+r) + C = 0$$

$$S = C(1+r)^{-p}$$

当 $r=0$ 时,有 $S=1, C=1$,因此

$$S = \frac{1}{(1+r)^p}$$

问题 17 把无穷级数

$$\frac{1}{2} + \frac{1 \cdot 3}{2 \cdot 4} \cdot \frac{1}{2} + \frac{1 \cdot 3 \cdot 5}{2 \cdot 4 \cdot 6} \cdot \frac{1}{3} + \frac{1 \cdot 3 \cdot 5 \cdot 7}{2 \cdot 4 \cdot 6 \cdot 8} \cdot \frac{1}{4} + \cdots$$

表示为定积分,并求出其值.

解 由问题 16 得

$$\frac{1}{\sqrt{1-x}} = 1 + \frac{1}{2}x + \frac{1 \cdot 3}{2 \cdot 4}x^2 + \frac{1 \cdot 3 \cdot 5}{2 \cdot 4 \cdot 6}x^3 + \cdots +$$

$$\frac{1 \cdot 3 \cdot \cdots \cdot (2n-1)}{2 \cdot 4 \cdot \cdots \cdot (2n)}x^n + \cdots$$

所以

$$\frac{1}{x}\left(\frac{1}{\sqrt{1-x}} - 1\right) = \frac{1}{2} + \frac{1 \cdot 3}{2 \cdot 4}x + \frac{1 \cdot 3 \cdot 5}{2 \cdot 4 \cdot 6}x^2 + \cdots +$$

$$\frac{1 \cdot 3 \cdot \cdots \cdot (2n-1)}{2 \cdot 4 \cdot \cdots \cdot (2n)}x^{n-1} + \cdots$$

从而

$$\frac{1}{2} + \frac{1 \cdot 3}{2 \cdot 4} \cdot \frac{1}{2} + \frac{1 \cdot 3 \cdot 5}{2 \cdot 4 \cdot 6} \cdot \frac{1}{3} + \frac{1 \cdot 3 \cdot 5 \cdot 7}{2 \cdot 4 \cdot 6 \cdot 8} \cdot \frac{1}{4} + \cdots$$

$$= \int_0^1 \frac{1 - \sqrt{1-x}}{x\sqrt{1-x}}\mathrm{d}x = 2\int_0^{\frac{\pi}{2}} \tan\frac{t}{2}\mathrm{d}t = 2\log 2$$

问题 18 证明:对 $a > 0$,成立

$$\lim_{n \to \infty} \frac{1^{a-1} - 2^{a-1} + 3^{a-1} - \cdots + (-1)^{n-1}n^{a-1}}{n^a} = 0$$

证明 设 $f(x) = x^{a-1}$,则对 $m = \left[\dfrac{n}{2}\right]$,当 $n \to \infty$ 时

$$\frac{1}{n}\sum_{k=1}^{n-1}(-1)^{k-1}f\left(\frac{k}{n}\right)$$

$$= \frac{2}{n}\sum_{k=1}^{m}f\left(\frac{2k-1}{n}\right) - \frac{1}{n}\sum_{k=1}^{n-1}f\left(\frac{k}{n}\right)$$

趋于 $\int_0^1 f(x)\,\mathrm{d}x - \int_0^1 f(x)\,\mathrm{d}x = 0.$

问题 19 证明

$$\lim_{x\to 1-0}\left(\frac{x}{1+x} - \frac{x^2}{1+x^2} + \frac{x^3}{1+x^3} - \frac{x^4}{1+x^4} + \cdots\right) = \frac{1}{4}$$

证明 对 $|x| < 1$,有

$$\frac{x}{1+x} - \frac{x^2}{1+x^2} + \frac{x^3}{1+x^3} - \frac{x^4}{1+x^4} + \cdots$$

$$= x(1 - 2x + 3x^2 - 4x^3 + \cdots)$$

$$= x\frac{\mathrm{d}}{\mathrm{d}x}\left(\frac{x}{1+x}\right) = \frac{x}{(1+x)^2}$$

$$\to \frac{1}{4} \quad (x\to 1-0)$$

问题 20 证明

$$\lim_{x\to 1-0}\sum_{n=1}^{\infty} \frac{(-1)^{n-1}}{n}\frac{x^n}{1+x^n} = \frac{1}{2}\log 2$$

证明 设 $0 < x < 1$. 级数

$$\sum_{n=1}^{\infty} \frac{(-1)^{n-1}}{n}$$

收敛于 $\log 2$,商 $\dfrac{x^n}{1+x^n}$ 以 1 为界,且当 n 增加时单调递

减. 因此,由一致收敛级数的阿贝尔检验法,级数

$$\sum_{n=1}^{\infty} \frac{(-1)^{n-1}}{n}\frac{x^n}{1+x^n}$$

在 $(0,1)$ 上一致收敛. 在此级数中逐项令 $x\to 1-0$(这当然是容许的),即得所要求的结果.

问题 21 设 $x > 0$. 证明

$$\sum_{n=2}^{\infty} \frac{n}{(1+2x)(1+3x)\cdots(1+nx)} = \frac{1}{x}$$

证明　设

$$S = 1 + \frac{r^2}{1+2x} + \frac{r^3}{(1+2x)(1+3x)} +$$

$$\frac{r^4}{(1+2x)(1+3x)(1+4x)} + \cdots$$

那么

$$\frac{u_n}{u_{n-1}} = \frac{r}{1+nx} \tag{1}$$

其中 u_n 是 S 的第 n 项. 如问题 17 的解答中那样的进行,得到微分方程

$$\frac{\mathrm{d}S}{\mathrm{d}r} + \frac{1-r}{xr}S = \frac{1}{xr}$$

由式(1)得出

$$\sum_{n=2}^{\infty}(nx+1)u_n = r\sum_{n=2}^{\infty}u_n + r$$

但是

$$\sum_{n=2}^{\infty}\frac{n}{(1+2x)(1+3x)\cdots(1+nx)}$$

是 $r=1$ 时 $\dfrac{\mathrm{d}S}{\mathrm{d}r}$ 的值.

问题 22　证明

$$S = \sum_{n=2}^{\infty}\frac{n!}{p(p+1)(p+2)\cdots(p+n)} = \frac{1}{p-1}$$

证明　记

$$S = \frac{1}{p}\sum_{n=0}^{\infty}\frac{1}{\dbinom{p+n}{n}}$$

令

$$S_1 = \sum_{n=0}^{\infty} \frac{r^n}{\dbinom{p+n}{n}}$$

则当 $r = 1$ 时 S 变为 S_1. 但由 S_1 得

$$\frac{u_n}{u_{n-1}} = r\,\frac{n}{p+n}$$

它给出微分方程

$$\frac{\mathrm{d}S_1}{\mathrm{d}r} + \frac{n-r}{r(1-r)}S_1 = \frac{p}{r(1-r)}$$

因此

$$S_1 = \frac{p(1-r)^{p-1}}{r^p}\Big(C + \int_0^r \frac{t^{p-1}}{(1-t)^p}\mathrm{d}t\Big)$$

但是

$$\int_0^r \frac{t^{p-1}}{(1-t)^p}\mathrm{d}t = \sum_{k=0}^{p-2}(-1)^k\,\frac{r^{p-k-1}}{(p-k-1)(1-r)^{p-k-1}} + (-1)^p\log(1-r)$$

因此

$$S_1 = p\Big(\sum_{k=0}^{p-2}(-1)^k\,\frac{(1-r)^k}{(p-k-1)r^{k+1}} + (-1)^p\,\frac{(1-r)^{p-1}}{r^p}\log(1-r) + \frac{C(1-r)^{p-1}}{r^p}\Big)$$

用 r^p 乘上式的两边得 $r = 0$ 时 $C = 0$,因此 $S = \dfrac{1}{p-1}$.

问题 23 证明

$$\frac{1}{2}\Big(\frac{2x}{1+x^2}\Big) + \frac{1}{2\cdot4}\Big(\frac{2x}{1+x^2}\Big)^3 + \frac{1\cdot3}{2\cdot4\cdot6}\Big(\frac{2x}{1+x^2}\Big)^5 + \cdots$$

$$= \begin{cases} x, & |x| < 1 \\[2mm] \dfrac{1}{x}, & |x| > 1 \end{cases}$$

证明　由二项式定理有,$|u| < 1$ 时

$$\sqrt{1-u} = 1 - \frac{1}{2}u - \frac{1}{2 \cdot 4}u^2 - \frac{1 \cdot 3}{2 \cdot 4 \cdot 6}u^3 - \cdots -$$

$$\frac{1 \cdot 3 \cdots (2n-3)}{2 \cdot 4 \cdot 6 \cdots (2n)}u^n - \cdots$$

因此,对 $|t| < 1$,有

$$\frac{1}{2}t + \frac{1}{2 \cdot 4}t^3 + \frac{1 \cdot 3}{2 \cdot 4 \cdot 6}t^5 + \cdots = t^5 \frac{1 - (1-t^2)^{\frac{1}{2}}}{t} \quad (1)$$

但对所有实数 x,$\frac{2x}{1+x^2} \leqslant 1$,且仅当 $x = 1$ 时取等号,因

为对所有实数 x,$0 \leqslant (1-x)^2$,由式(1)中当 $|x| < 1$ 时

令 $t = \frac{2x}{1+x^2}$ 得出所要求的第一个等式,因为此时有

$$\frac{(1 - (1-t^2)^{\frac{1}{2}})}{t} = x.$$ 最后,对 $x \neq 0$,用 $\frac{1}{x}$ 代替 x 时表达

式 $\frac{2x}{1+x^2}$ 不变,所以第二个等式也成立.

问题 24　设 a 是满足 $0 < a \leqslant 1$ 的参数,定义

$$f_a(x) = \left[\frac{a}{x}\right] - a\left[\frac{1}{x}\right], 0 < x < 1$$

其中 $[t]$ 表示 t 的整数部分. 证明

$$\int_0^1 f_a(x)\,\mathrm{d}x = a\log a$$

且当 m 为正整数时

$$\zeta(m+1) = \sum_{k=1}^{\infty} k^{-(m+1)}$$

$$\int_0^1 x^m f_a(x)\,\mathrm{d}x = (a^{m+1} - a)\frac{\xi(m+1)}{m+1}$$

证明 记 $f_a(x) = -\left(\dfrac{a}{x} - \left[\dfrac{a}{x}\right]\right) + a\left(\dfrac{1}{x} - \left[\dfrac{1}{x}\right]\right)$.

因为对 $j = 1, 2, 3, \cdots$，有

$$\int_{\frac{a}{j+1}}^{\frac{a}{j}} \left(\frac{a}{x} - \left[\frac{a}{x}\right]\right)\mathrm{d}x = a\int_{\frac{a}{j+1}}^{\frac{a}{j}} \left(\frac{1}{x} - \left[\frac{1}{x}\right]\right)\mathrm{d}x$$

故得出

$$\int_0^1 f_a(x)\,\mathrm{d}x = -\int_a^1 \frac{a}{x}\mathrm{d}x = a\log a$$

令

$$I(m) = \int_0^1 x^m\left(\frac{a}{x} - \left[\frac{a}{x}\right]\right)\mathrm{d}x$$

由于

$$\int_{\frac{a}{j+1}}^{\frac{a}{j}} x^m\left(\frac{a}{x} - \left[\frac{a}{x}\right]\right)\mathrm{d}x = a^{m+1}\int_{\frac{1}{j+1}}^{\frac{1}{j}} x^m\left(\frac{1}{x} - \left[\frac{1}{x}\right]\right)\mathrm{d}x$$

故得

$$\int_0^1 x^m f_a(x)\,\mathrm{d}x = (a - a^{m+1})I(m) - a\int_a^1 x^{m-1}\mathrm{d}x$$

$$= (a - a^{m+1})\left(I(m) - \frac{1}{m}\right)$$

但是

$$(m+1)\int_0^1 \left[\frac{1}{x}\right]x^m\mathrm{d}x$$

$$= \sum_{n=1}^{\infty} n\int_{\frac{1}{n+1}}^{\frac{1}{n}} (m+1)x^m\mathrm{d}x$$

$$= 1 + \frac{1}{2^{m+1}} + \frac{1}{3^{m+1}} + \cdots = \zeta(m+1)$$

而且

$$\frac{1}{m} - I(m) = \int_0^1 \left[\frac{1}{x}\right]x^m\mathrm{d}x$$

注　若 P 是实多项式,则由问题 23,对所有 $a \in$ $[0,1]$, $\int_0^1 P(x) f_a(x) \mathrm{d}x = 0$ 仅当 $P = 0$ 时成立.

容易看出

$$\lim_{n \to \infty} \frac{1}{n} \sum_{k=1}^{n} \left(\frac{n}{k} - \left[\frac{n}{k} \right] \right)$$

$$= \int_0^1 \left(\frac{1}{x} - \left[\frac{1}{x} \right] \right) \mathrm{d}x$$

$$= \lim_{n \to \infty} \int_{\frac{1}{n}}^1 \left(\frac{1}{x} - \left[\frac{1}{x} \right] \right) \mathrm{d}x$$

$$= 1 - \lim_{n \to \infty} \left(1 + \frac{1}{2} + \frac{1}{3} + \cdots + \frac{1}{n} - \log n \right)$$

$$= 1 - c$$

其中 c 是欧拉常数.

问题 25　设 n 是大于 1 的正整数. 证明

$$\int_a^b (x - a)^n (b - x)^n \mathrm{d}x$$

$$= 2 \cdot \frac{2}{3} \cdot \frac{4}{5} \cdot \frac{6}{7} \cdot \cdots \cdot \frac{2n}{2n + 1} \cdot \left(\frac{b - a}{2} \right)^{2n+1}$$

又令

$$K = 2 \cdot \frac{2}{3} \cdot \frac{4}{5} \cdot \frac{6}{7} \cdot \cdots \cdot \frac{2n}{2n + 1}$$

验证 $\sqrt[n+1]{2(n+1)K} \leqslant 4$.

证明　因为对大于 1 的整数 k,有

$$\int \sin^k x \mathrm{d}x = \int \sin^{k-1} x \mathrm{d}(-\cos x)$$

$$= -\sin^{k-1} x \cos x + \int (k-1) \sin^{k-2} x \cos^2 x \mathrm{d}x$$

$$= -\sin^{k-1} x \cos x +$$

$$(k-1)\int(\sin^{k-2}x - \sin^k x)\,\mathrm{d}x$$

所以

$$k\int\sin^k x\mathrm{d}x = -\sin^{k-1}x\cos x + (k-1)\int\sin^{k-2}x\mathrm{d}x$$

因此当 $k>1$ 时

$$\int_0^{\frac{\pi}{2}}\sin^k x\mathrm{d}x = \frac{k-1}{k}\int_0^{\frac{\pi}{2}}\sin^{k-2}x\mathrm{d}x$$

从而

$$\int_0^{\frac{\pi}{2}}\sin^{2n+1}x\mathrm{d}x = \frac{2n}{2n+1}\cdot\frac{2n-2}{2n-1}\cdot\cdots\cdot\frac{2}{3}\cdot\int_0^{\frac{\pi}{2}}\sin x\mathrm{d}x$$

$$= \frac{K}{2}$$

作代换 $x = a\cos^2 t + b\sin^2 t, t\in\left[0,\dfrac{\pi}{2}\right]$, 得

$$x - a = (b-a)\sin^2 t$$
$$b - x = (b-a)\cos^2 t$$
$$\mathrm{d}x = 2(b-a)\sin t\cos t$$

因此

$$\int_a^b (x-a)^n(b-x)^n\mathrm{d}x$$

$$= 2(b-a)^{2n+1}\int_0^{\frac{\pi}{2}}(\sin t\cos t)^{2n+1}\mathrm{d}t$$

$$= \left(\frac{b-a}{2}\right)^{2n+1}\int_0^{\frac{\pi}{2}}\sin^{2n+1}2t\mathrm{d}(2t)$$

$$= 2\cdot\frac{2}{3}\cdot\frac{4}{5}\cdot\frac{6}{7}\cdots\frac{2n}{2n+1}\left(\frac{b-a}{2}\right)^{2n+1}$$

又易知,若 f,g 是 $[a,b]$ 上的连续函数,g 是单调函数,则存在点 $t\in[a,b]$,使

182

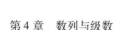

$$\int_a^b f(x)g(x)\,\mathrm{d}x = g(a)\int_a^t f(x)\,\mathrm{d}x + g(b)\int_t^b f(x)\,\mathrm{d}x$$

令 $f(x) = (x-a)^n, g(x) = (b-x)^n$，得

$$\int_a^b (x-a)^n(b-x)^n\,\mathrm{d}x = (b-a)^n\int_a^t (x-a)^n\,\mathrm{d}x$$

$$= (b-a)^n\,\frac{(t-a)^{n+1}}{n+1}$$

但是

$$\int_a^b (x-a)^n(b-x)^n\,\mathrm{d}x = K\left(\frac{b-a}{2}\right)^{2n+1}$$

其中

$$K = 2 \cdot \frac{2}{3} \cdot \frac{4}{5} \cdot \frac{6}{7} \cdot \cdots \cdot \frac{2n}{2n+1}$$

于是

$$t = a + \frac{b-a}{4} \cdot \sqrt[n+1]{2(n+1)K}$$

令 $f(x) = (b-x)^n, g(x) = (x-a)^n$，得

$$\int_a^b (x-a)^n(b-x)^n\,\mathrm{d}x = (b-a)^n\int_t^b (x-a)(b-x)^n\,\mathrm{d}x$$

中间值为

$$t' = b - \frac{b-a}{4} \cdot \sqrt[n+1]{2(n+1)K}$$

中间值 t 与 t' 之间的关系为:$t + t' = a + b$. 因为 $a \leqslant t \leqslant b, a \leqslant t' \leqslant b$，故直接得到

$$\sqrt[n+1]{2(n+1)K} \leqslant 4$$

当 $n=0$ 时取等号，当 $n \to \infty$ 时，$\sqrt[n+1]{2(n+1)K} \to 1$.

问题 26　证明

$$\lim_{n\to\infty}\left(\left(\frac{1}{n}\right)^n + \left(\frac{2}{n}\right)^n + \left(\frac{3}{n}\right)^n + \cdots + \left(\frac{n-1}{n}\right)^n\right) = \frac{1}{\mathrm{e}-1}$$

证明 令 $a_{n,k} = 1^n + 2^n + 3^n + \cdots + (k-1)^n$, $b_{n,k} = k^n$, 则

$$\frac{a_{n,k+1} - a_{n,k}}{b_{n,k+1} - b_{n,k}} = \frac{k^n}{(k+1)^n - k^n} = \frac{1}{\left(1 + \frac{1}{k}\right)^n - 1}$$

由于

$$\frac{1}{k+1} < \log\left(1 + \frac{1}{k}\right) < \frac{1}{k}$$

或

$$\frac{n}{k+1} < \log\left(1 + \frac{1}{k}\right)^n < \frac{n}{k}$$

故得

$$\lim_{k \to \infty} \log\left(1 + \frac{1}{k}\right)^n = \lim_{k \to \infty} \frac{n}{k}$$

或

$$\lim_{k \to \infty} \left(1 + \frac{1}{k}\right)^n = \exp\left(\lim_{k \to \infty} \frac{n}{k}\right)$$

令 $n \to \infty$ 以便使 $k \to \infty$ 时 $\frac{n}{k}$ 趋于 1, 得出所要求的极限.

问题 27 设

$$T_n = \left(1 + \frac{1}{n^2}\right)\left(1 + \frac{2}{n^2}\right)\left(1 + \frac{3}{n^2}\right)\cdots\left(1 + \frac{n}{n^2}\right)$$

证明 $n \to \infty$ 时, $T_n \to \sqrt{e}$.

证明 令 $S_n = \log T_n = \sum_{p=1}^{n} \log\left(1 + \frac{p}{n^2}\right)$. 由于

$$x - \frac{x^2}{2} < \log(1 + x) < x \quad (x > 0)$$

故取 $x = \dfrac{p}{n^2}$ 得

$$\frac{p}{n} - \frac{p^2}{2n^4} < \log\left(1 + \frac{p}{n^2}\right) < \frac{p}{n^2}$$

$$\sum_{n=1}^{n} \frac{p}{n^2} - \frac{1}{2}\sum_{p=1}^{n} \frac{p^2}{n^4} < \sum_{p=1}^{n} \log\left(1 + \frac{p}{n^2}\right) < \sum_{p=1}^{n} \frac{p}{n^2}$$

但是

$$\sum_{p=1}^{n} p = \frac{n(n+1)}{2}$$

蕴含

$$\sum_{p=1}^{n} \frac{p}{n^2} = \frac{n+1}{2n} \to \frac{1}{2} \quad (n \to \infty)$$

$$\sum_{p=1}^{n} p^2 < n \cdot n^2$$

蕴含

$$\sum_{p=1}^{n} \frac{p^2}{n^4} < \frac{n^3}{n^4} = \frac{1}{n} \to 0 \quad (n \to \infty)$$

因此,序列 $\{S_n\}_{n=1}^{\infty}$ $\left(\text{收敛于} \dfrac{1}{2} \text{的序列有上、下界}\right)$ 自身

必定收敛于 $\dfrac{1}{2}$. 从而 $T_n = \exp(S_n)$ 收敛于 $\mathrm{e}^{\frac{1}{2}}$.

问题 28 求级数

$$f(x) = \sum_{n=1}^{\infty} \frac{x^n}{n(n+1)}$$

的收敛半径 r 与和 $f(x)$.

解 因为 $\dfrac{u_{n+1}}{u_n} = \dfrac{nx}{n+2}$,所以 $r = 1$. 作

$$x^2 f'(x) = \sum_{n=1}^{\infty} \frac{x^{n+1}}{n+1} = -\ln(1-x) - x$$

于是有

$$f(x) = -\int \ln(1-x)\,\frac{\mathrm{d}x}{x^2} - \int \frac{\mathrm{d}x}{x} + C$$

$$= \frac{1}{x}\ln(1-x) + \ln\frac{1}{1-x} + C$$

令 $x \to 0$，于是 $f(x) \to 0$，而右端趋于 $-1 + C$，所以 $C = 1$，于是

$$f(x) = \frac{1-x}{x}\ln(1-x) + 1$$

问题 29 求级数

$$f(x) = \sum_{n=1}^{\infty} \frac{x^n}{n(n+1)(n+2)}$$

的收敛半径 r 与和 $f(x)$.

解 $r = 1$（参阅问题 28）. 作

$$x^2 f'(x) = \sum_{n=1}^{\infty} \frac{x^{n+1}}{(n+1)(n+2)}$$

$$= \sum_{n=1}^{\infty} \frac{x^n}{n(n+1)} - \frac{1}{2}x$$

由问题 28 有

$$x^2 f'(x) = \frac{1-x}{x}\ln(1-x) + 1 - \frac{1}{2}x$$

在这个关系式两端同除以 x^2 并积分得

$$f(x) = \int \frac{1-x}{x^3}\ln(1-x)\,\mathrm{d}x + \int \frac{\mathrm{d}x}{x^2} - \int \frac{\mathrm{d}x}{2x} + C$$

$$= \left(-\frac{1}{2x^2} + \frac{1}{x}\right)\ln(1-x) +$$

$$\int \left(-\frac{1}{2x^2} + \frac{1}{x}\right)\frac{\mathrm{d}x}{1-x} - \frac{1}{x} - \frac{1}{2}\ln x + C$$

$$= -\left(\frac{(1-x)^2}{2x^2}\ln(1-x) + \frac{1}{2x}\right) + C$$

令 $x \to 0$，则 $f(x) \to 0$，而右端趋于 $-\dfrac{3}{4} + C$（伯努利 –

洛必达法则），所以

$$C = \frac{3}{4}, f(x) = -\frac{(1-x)^2}{2x^2}\ln(1-x) - \frac{1}{2x} + \frac{3}{4}$$

问题 30 把 $\dfrac{1-x}{1+x}$ 按 x 的乘幂展开，并研究所得幂

级数的收敛性.

解 利用几何级数（首项为 1、公比为 x）的和的

公式，作乘法①就得到

$$\frac{1-x}{1+x} = 1 + 2(-x + x^2 - x^3 + \cdots)$$

这个级数在 $|x| < 1$ 时收敛.

问题 31 试利用式子 $\dfrac{1}{1\,013} = \dfrac{1}{1\,000}\dfrac{1}{1 + \dfrac{13}{1\,000}}$ 计算

$\dfrac{1}{1\,013}$，精确至小数 9 位.

解 $\dfrac{1}{1\,013} = 10^{-3}(1 - 13 \cdot 10^{-3} + 13^2 \cdot 10^{-6} - \cdots)$

$\qquad\quad = 10^{-3} - 13 \cdot 10^{-6} + 169 \cdot 10^{-9} -$

---

① 其实，只要先将分式变成真分式，再利用几何级数和

的公式即得

$$\frac{1-x}{1+x} = -1 + \frac{2}{1+x} = -1 + 2(1 - x + x^2 - x^3 + \cdots)$$

$$\qquad\quad = 1 + 2(-x + x^2 - x^3 + \cdots)$$

$$2\ 197 \cdot 10^{-12} + 28\ 561 \cdot 10^{-15} - \cdots$$
$$= 0.001 - 0.000\ 013 + 0.000\ 000\ 169 -$$
$$0.000\ 000\ 002\ 197$$
$$= 0.000\ 987\ 167$$

小数后十位以后的最前一项是 $28\ 561 \cdot 10^{-15}$,所以它对第九位小数是没有影响的,且自该项以后的级数的余项也同样对第九位小数没有影响,这是因为

$$s_n = 1 + x + x^2 + \cdots + x^{n-1} = \frac{1 - x^n}{1 - x}$$

所以

$$|r_n| = |s - s_n| = \left| \frac{1}{1-x} - \frac{1-x^n}{1-x} \right| = \frac{|x|^n}{1-x}$$

又因为 $x = -13 \cdot 10^{-3} < 0$,所以余项 $|r_n| < |x^n|$,即小于余项的第一项.

问题 32 试利用幂级数计算 $\dfrac{1\ 003}{997}$ 至小数点后 6 位.

解 因为 $\dfrac{1\ 003}{997} = \dfrac{1\ 000 + 3}{1\ 000 - 3} = \dfrac{1 + 0.003}{1 - 0.003}$,利用问题 30 的级数展开式,其中取 $x = -0.003$,有

$$\frac{1\ 003}{997} = 1 + 0.006 + 0.000\ 018 + \cdots = 1.006\ 018$$

这个结果精确至小数点后 6 位,因为一般地

$$\frac{1 + x}{1 - x} = 1 + 2x + 2x^2 + 2x^3 + \cdots$$

而余项有

$$2x^3 + 2x^4 + \cdots = \frac{2x^3}{1 - x} = \frac{2 \cdot 3^3 \cdot 1\ 000}{1\ 000^3 \cdot 997} < 0.054 \cdot 10^{-6}$$

188

问题 33 设有一个等腰直角三角形,它的直角边为 a,在它里面依次作 1 个、2 个、4 个……正方形(如图 1).问必须作图多少次,才能使得有阴影部分的面积小于大三角形面积的 1%?

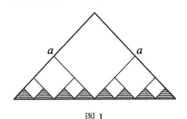

图 1

解 设 F_n 是在第 n 次绘出的正方形的面积. 于是,$F_1 = \left(\dfrac{a}{2}\right)^2$,$F_2 = 2\left(\dfrac{a}{4}\right)^2$,$F_3 = 4\left(\dfrac{a}{8}\right)^2$,$\cdots$,$F_n = 2^{n-1}\left(\dfrac{a}{2^n}\right)^2$,且 $F_1 + F_2 + \cdots + F_n = \dfrac{a^2}{2}\left(1 - \dfrac{1}{2^n}\right)$. 第 n 次绘出正方形以后,余下的面积为 $R_n = \dfrac{a^2}{2} \cdot \dfrac{1}{2^n}$. 因为要有 $R_n < \dfrac{1}{100} \cdot \dfrac{a^2}{2}$,必须有 $2^n > 100$ 或 $n \geqslant 7$.

问题 34 把 $\sqrt{\dfrac{1+x}{1-x}}$ 展开成一个幂级数,并研究它的收敛性.

解 先把给定的式子写成形式 $(1+x)(1-x^2)^{-\frac{1}{2}}$,并把第二个因式展开为幂级数. 就有

$$(1+x)\left(1 - \begin{pmatrix} -\dfrac{1}{2} \\ 1 \end{pmatrix}x^2 + \begin{pmatrix} -\dfrac{1}{2} \\ 2 \end{pmatrix}x^4 - \cdots\right)$$

189

$$= (1+x)\left(1 + \frac{1}{2}x^2 + \frac{1}{2}\cdot\frac{3}{4}x^4 + \cdots\right)$$

即

$$\sqrt{\frac{1+x}{1-x}} = 1 + x + \frac{1}{2}x^2 + \frac{1}{2}x^3 + \frac{3}{8}x^4 + \cdots$$

这个级数当 $|x| < 1$ 时是收敛的.

问题 35 把 $f(t) = \dfrac{t - \sin t}{t\sin t}$ 按 t 的升幂展开为级数.

解 利用 $\sin t$ 的级数展开式与几何级数, 当 $t \neq 0$ 时就有

$$f(t) = \frac{1}{\sin t} - \frac{1}{t} = \frac{1}{t}\left(\frac{1}{1 - \dfrac{t^2}{3!} + \dfrac{t^4}{5!} - \cdots} - 1\right)$$

$$= \frac{1}{t}\left(1 + \left(\frac{t^2}{3!} - \frac{t^4}{5!} + \cdots\right) + \left(\frac{t^2}{3!} - \cdots\right)^2 + \cdots\right)$$

$$= \frac{1}{t}\left(\frac{t^2}{3!} - \frac{t^4}{5!} + \frac{t^6}{7!} - \cdots + \frac{t^4}{(3!)^2} - \frac{2t^6}{3!\,5!} + \cdots + \frac{t^6}{(3!)^3} + \cdots\right)$$

$$= \frac{1}{6}t + \frac{7}{360}t^3 + \frac{31}{15\,120}t^5 + \cdots$$

$$= 0.166\,67t + 0.019\,44t^3 + 0.002\,05t^5 + \cdots$$

我们可以证明, 这个级数在 $|t| < \pi$ 时是收敛的.

问题 36 把 $\arctan x$ 在 $|x| > 1$ 时按 $\dfrac{1}{x}$ 的乘幂展开为级数.

解 把 $(\arctan x)'$ 按 $\dfrac{1}{x}$ 的乘幂展开并积分, 就有

$$(\arctan x)' = \frac{\dfrac{1}{x^2}}{1+\dfrac{1}{x^2}} = \frac{1}{x^2} - \frac{1}{x^4} + \frac{1}{x^6} - \cdots$$

及

$$\arctan x = \frac{\pi}{2} - \frac{1}{x} + \frac{1}{3x^3} - \frac{1}{5x^5} + \cdots$$

问题 37　把 $y = \dfrac{x}{x-1}$ 按 $\dfrac{1}{x}$ 的乘幂展开为级数.

解　由 $y = \dfrac{1}{1-\dfrac{1}{x}}$ 立刻得到 $y = 1 + \dfrac{1}{x} + \dfrac{1}{x^2} + \dfrac{1}{x^3} +$

$\cdots$. 这个级数在 $|x| > 1$ 时是收敛的.

问题 38　把 $\tanh x = \dfrac{\mathrm{e}^x - \mathrm{e}^{-x}}{\mathrm{e}^x + \mathrm{e}^{-x}}$ 按 $z = \mathrm{e}^x$ 的乘幂展开

为级数,问收敛区域如何?

解　$\tanh x = \dfrac{\mathrm{e}^{2x} - 1}{\mathrm{e}^{2x} + 1} = \dfrac{z^2 - 1}{z^2 + 1} = -1 + 2z^2 - 2z^4 +$

$2z^6 - \cdots + (-1)^{n+1} 2z^{2n} + \cdots$(参阅问题 30). 这个级数
当 $z^2 < 1$, 即 $\mathrm{e}^{2x} < 1$, 也即 $x < 0$ 时是收敛的.

问题 39　把 $y = \operatorname{arsinh} x$ 按 x 的乘幂展开为级数.
(1)利用函数的一阶导数的幂级数;(2)利用反函数.

解　(1)因为

$$y' = \frac{1}{\sqrt{1+x^2}} = 1 + \binom{-\dfrac{1}{2}}{1} x^2 + \binom{-\dfrac{1}{2}}{2} x^4 + \cdots$$

所以

$$\operatorname{arsinh} x = x - \frac{1}{6}x^3 + \frac{3}{40}x^5 - \frac{5}{112}x^7 + \cdots \quad (|x| < 1)$$

（2）令级数展开式为
$$\text{arsinh } x = a_1 x + a_3 x^3 + a_5 x^5 + \cdots$$

因为 $x \equiv \sinh(\text{arsinh } x)$，就有

$$x \equiv a_1 x + a_3 x^3 + a_5 x^5 + \cdots + \frac{1}{3!}(a_1 x + \cdots)^3 +$$

$$\frac{1}{5!}(a_1 x + \cdots)^5 + \cdots$$

令 x 的同次幂的系数相等，就有

$$a_1 = 1, a_3 + \frac{a_1^3}{3!} = 0, a_5 + \frac{3a_1^2 a_3}{3!} + \frac{a_1^5}{5!} = 0$$

$$a_7 + \frac{3a_1^2 a_5}{3!} + \frac{3a_1 a_3^2}{3!} + \frac{5a_1^5 a_3}{5!} + \frac{a_1^7}{7!} = 0, \cdots$$

由此即得（1）中所得到的结果.

问题 40 将曲线 $y = e^x$ 的曲率 k 表作纵坐标 y 的函数，并把 $k(y)$ 展开为级数. 问收敛区域如何？

解 因为 $k = y(1 + y^2)^{-\frac{3}{2}} = y \sum_{\lambda=0}^{\infty} \binom{-\frac{1}{2}}{\lambda} y^{2\lambda}$；当

$|y| < 1$，即当 $y < 1$ 或 $x < 0$ 时，级数是收敛的

$$k = y - \frac{3}{2} y^3 + \frac{3 \cdot 5}{2 \cdot 4} y^5 - \frac{3 \cdot 5 \cdot 7}{2 \cdot 4 \cdot 6} y^7 + \cdots$$

$$= y - \frac{3}{2} y^3 + \frac{15}{8} y^5 - \frac{35}{16} y^7 + \cdots$$

问题 41 试用待定系数法把方程 $y + \lambda \arctan y = x (\lambda \neq -1)$ 的解表示成在 $x = 0$ 近傍的 x 的幂级数.

解 把函数 $\arctan y$ 换以它的幂级数，并在其中令 $y = c_0 + c_1 x + c_2 x^2 + \cdots$，就得到恒等式

$$c_0 + c_1 x + c_2 x^2 + \cdots + \lambda((c_0 + c_1 x + \cdots) -$$

$$\frac{1}{3}(c_0 + c_1 x + \cdots)^3 + \frac{1}{5}(c_0 + c_1 x + \cdots)^5 - \cdots) = x$$

令 x 的同次幂的系数相等[①],就得到 $c_0 = c_2 = c_4 = \cdots =$ $c_{2n} = \cdots = 0$ 及 $c_1 = \dfrac{1}{1+\lambda}$,$c_3 = \dfrac{\lambda}{3(1+\lambda)^4}$,$c_5 =$ $\dfrac{\lambda(2\lambda - 3)}{15(1+\lambda)^7}$,$\cdots$(参阅问题 39 答解中的(2)).

问题 42　求 $x + 4x^2 + 9x^3 + 16x^4 + \cdots$ 的收敛域与和.

解　从函数 $g(x) = 1 + x + x^2 + \cdots$ 出发,并计算 $x(x \cdot g'(x))'$. 因为当 $|x| < 1$ 时 $g(x) = \dfrac{1}{1-x}$,就得到

$$x + 4x^2 + 9x^3 + \cdots = \frac{x(1+x)}{(1-x)^3}.$$

问题 43　试证 π 的级数

$$\frac{\pi}{2} = 1 + \frac{1}{2} \cdot \frac{1}{3} +$$

$$\frac{1 \cdot 3}{2 \cdot 4} \cdot \frac{1}{5} + \frac{1 \cdot 3 \cdot 5}{2 \cdot 4 \cdot 6} \cdot \frac{1}{7} + \cdots$$

---

① 首先取两端的常数项,得

$$c_0 + \lambda\left(c_0 - \frac{1}{3}c_0^3 + \frac{1}{5}c_0^5 - \cdots\right) = 0$$

于是得 $c_0 = 0$. 从而上述恒等式就成为

$$c_1 x + c_2 x^2 + \cdots + \lambda((c_1 x + \cdots)^2 - \frac{1}{3}(c_1 x + \cdots)^3 +$$

$$\frac{1}{5}(c_1 x + \cdots)^5 - \cdots) = x$$

再令 x 的同次幂的系数相等,就可以较简单地得到结果.

证明 略.

问题 44 求高斯超越几何级数

$$F(\alpha,\beta,\gamma,x) = 1 + \frac{\alpha\beta}{1!\ \gamma}x + \frac{\alpha(\alpha+1)\beta(\beta+1)}{2!\ \gamma(\gamma+1)}x^2 +$$

$$\frac{\alpha(\alpha+1)(\alpha+2)\beta(\beta+1)(\beta+2)}{3!\ \gamma(\gamma+1)(\gamma+2)}x^3 + \cdots$$

的收敛半径 r.

解 $\dfrac{u_{n+1}}{u_n} = \dfrac{(\alpha+n)(\beta+n)}{(n+1)(\gamma+n)}x; r = 1.$

问题 45 把以弦长为 $2l$ 矢高为 h 的圆弧的长按 $\dfrac{h}{l}$ 的乘幂展开为幂级数.

解 如果 r 是圆弧的半径, α 是中心角, 那么因为 $\sin\dfrac{\alpha}{2} = \dfrac{1}{r}$, $\cos\dfrac{\alpha}{2} = 1 - \dfrac{h}{r}$, 就有 (如图 2) $r = \dfrac{1}{2}\left(h + \dfrac{l^2}{h}\right)$ 及 $\tan\dfrac{\alpha}{4} = \dfrac{h}{l}$.

所以弧长为

$$b = r\alpha = 2l\left(\frac{l}{h} + \frac{h}{l}\right)\arctan\left(\frac{h}{l}\right)$$

$$= 2l\left(1 + \frac{2}{3}\left(\frac{h}{l}\right)^2 - \frac{2}{15}\left(\frac{h}{l}\right)^4 + \frac{2}{35}\left(\frac{h}{l}\right)^6 - \cdots\right)$$

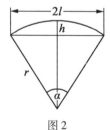

图 2

问题 46　从 x 轴上一点（它的横坐标为 $\xi > r$），对圆 $x^2 + y^2 = r^2$ 作两条切线. 试证（参看图 3）当 $\xi \approx r$ 时，

$$F \approx \frac{1}{2} K.$$

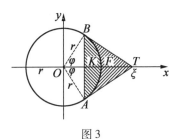

图 3

证明　设 $D = F - \dfrac{1}{2} K$. 因为图形 F 与 K 的面积为

$F = r^2 \tan \varphi - r^2 \varphi$ 与 $K = r^2 \varphi - r^2 \sin \varphi \cos \varphi$，所以

$$D = r^2 \left(\tan \varphi - \frac{3}{2} \varphi + \frac{1}{4} \sin 2\varphi \right)$$

$$= r^2 \left(\varphi + \frac{\varphi^3}{3} + \frac{2\varphi^5}{15} + \frac{17\varphi^7}{9 \cdot 35} + \cdots - \right.$$

$$\left. \frac{3}{2} \varphi + \frac{1}{4} \left(2\varphi - \frac{2^3 \varphi^3}{3!} + \frac{2^5 \varphi^5}{5!} - \frac{2^7 \varphi^7}{7!} + \cdots \right) \right)$$

$$= r^2 \left(\frac{1}{5} \varphi^5 + \frac{1}{21} \varphi^7 + \cdots \right)$$

但是因为当 $\xi \approx r$ 时 $\varphi \approx 0$，也就有 $D \approx 0$，所以 $F \approx \dfrac{1}{2} K.$

问题 47　活塞曲柄头到飞轮圆心的距离（图 4）为

$$x = l \left(\lambda \cos \theta + \sqrt{1 - \lambda^2 \sin^2 \theta} \right)$$

试证：当 $\lambda = r : l$ 足够小时，有

$$x \approx l\left(1 - \frac{1}{4}\lambda^2 + \lambda\cos\theta + \frac{1}{4}\lambda^2\cos 2\theta\right)$$

图 4

证明 因为 $\lambda^2\sin^2\theta \leqslant \lambda^2 < 1$，根式可以按 $\lambda^2\sin^2\theta$ 的乘幂展开成二项式级数. 它的首三项的和为 $1 - \frac{1}{2}\lambda^2\sin^2\theta - \frac{1}{8}\lambda^4\sin^4\theta$. 如果把这前两项写成形式 $1 - \frac{1}{4}\lambda^2(1 - \cos 2\theta)$，那么就得到要证的形式. 当限制取级数的这几项，就产生一个小于 $\frac{1}{8}\lambda^4$ 的误差. 对于蒸汽机车来说，$\lambda \leqslant \frac{1}{5}$，所以误差小于 0. 000 2$l$ 或小于 0. 02%.

问题 48 对于活塞曲柄(图 4)，试把 $\cos\eta(\eta = \sphericalangle(x, l)$ 表为曲柄角 θ 以及飞轮半径 r 与曲柄长 l 之比 $\lambda = \frac{r}{l}$ 的函数，然后再把 $\cos\eta$ 按 λ 的乘幂展开为级数.

解 从图上立刻看到 $\sin\eta = \lambda\sin\theta$，从而

$$\cos\eta = \sqrt{1 - \lambda^2\sin^2\eta}$$
$$= 1 - \frac{1}{2}\lambda^2\sin^2\theta - \frac{1}{8}\lambda^4\sin^4\theta - \cdots$$

问题 49 就带有标尺与观测镜的读数镜来说，镜

子的旋转角 $\varphi°$（即以度来度量的半偏角 α）近似地与尺上读数 x 成正比，$\varphi° \approx Cx$，其中 C 是常数. 当角度较大时，问如何加以改正？若要使这个近似公式的精确度可以达到 1%，镜子的旋转角至多是多少度？

解　从图 5 可见 $\tan \alpha = \tan 2\varphi = \dfrac{x}{s}$，所以

$$\varphi = \frac{\pi\varphi°}{180} = \frac{1}{2}\arctan\frac{x}{s}$$

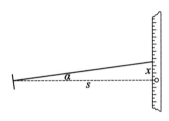

图 5

利用 $\arctan x$ 的级数展开式，就得到

$$\varphi° = \frac{90}{\pi}\left(\frac{x}{s} - \frac{x^3}{3s^3} + \cdots\right)$$

再令 $C = \dfrac{90}{\pi s}$，就有 $\varphi° \approx Cx$. 改正值为

$$K = -\frac{90}{\pi} \cdot \frac{1}{3}\frac{x^3}{s^3} = -\frac{1}{3}\frac{90}{\pi}\left(\frac{\varphi°}{C}\right)^3 \cdot \frac{1}{s^3}$$

$$= -\frac{1}{3}\left(\frac{\pi}{90}\right)^2(\varphi°)^3 = -0.000\,406(\varphi°)^3$$

由 $|K| \leqslant 0.01\varphi°$，就有 $\varphi° \leqslant \dfrac{9\sqrt{3}}{\pi} \approx 5°$.

问题 50　试把方程 $\cos x = x^2$ 用一个四次方程近似替代并解这个方程.

解   利用 $\cos x$ 的级数展开的首三项，于是得到方程 $x^4 - 36x^2 + 24 = 0$. 它有四个实的解，其中两个不满足题意，因为它们的绝对值大于 1. $x_1 = +0.82$，$x_2 = -0.82$. 我们有 $\cos 0.82 = 0.682\,2$，$0.82^2 = 0.672\,4$.

问题 51   利用泰勒公式与拉格朗日形式的余项把 $\ln(1+x)$ 按 x 的乘幂展开.

答 $\ln(1+x) = x - \dfrac{1}{2}x^2 + \dfrac{1}{3}x^3 - \cdots +$

$$(-1)^n \frac{x^{n-1}}{n-1} - (-1)^n \frac{x^n}{n(1+\xi)^n}$$

问题 52   利用泰勒公式把 $\sinh x$ 与 $\cosh x$ 按 x 的乘幂展开.

答   (1) $\sinh x = \dfrac{1}{1!}x + \dfrac{1}{3!}x^3 + \dfrac{1}{5!}x^5 + \cdots +$

$$\frac{1}{(2n-1)!}x^{2n-1} + R_{2n}(\text{或} + R_{2n+1})$$

其中 $R_{2n} = \dfrac{1}{(2n)!}\sinh(\theta x) \cdot x^{2n}$ 及 $R_{2n+1} = \dfrac{1}{(2n+1)!} \cdot \cosh(\theta x) \times x^{2n+1}$.

(2) $\cosh x = 1 + \dfrac{1}{2!}x^2 + \dfrac{1}{4!}x^4 + \cdots +$

$$\frac{1}{(2n)!}x^{2n} + R_{2n+1}(\text{或} + R_{2n+2})$$

其中

$$R_{2n+1} = \frac{1}{(2n+1)!}\sinh(\theta x) \cdot x^{2n+1}$$

及

$$R_{2n+2} = \frac{1}{(2n+2)!}\cosh(\theta x) \cdot x^{2n+2}$$

问题 53 正弦曲线 $y = \sin x$ 与五次抛物线 $\eta = x - \dfrac{x^3}{6} + \dfrac{x^5}{120}$ 在横坐标 $x = 4$ 处, 纵坐标至多相差多少?

解 因为抛物线方程的右端与函数 $y = \sin x$ 按 x 乘幂的展开式的首三项一致, 且该幂级数的余项可以写成形式 $R_6 = \dfrac{x^6}{6!}(-\sin \theta x)$ 或 $R_7 = \dfrac{x^7}{7!}(-\cos \theta x)$, 故

$$|y - \eta| = |R_6| \leqslant \frac{x^6}{6!} \ \text{或} \ |y - \eta| = |R_7| \leqslant \frac{|x^7|}{7!}.$$

当 $x = 4$, 有

$$|y - \eta| \leqslant \frac{4^6}{6!} = \frac{256}{45} = 5.689$$

或

$$|y - \eta| \leqslant \frac{4^7}{7!} = \frac{256}{45} \cdot \frac{4}{7} = 3.251$$

事实上, $\eta - y = 1.866\ 7 + 0.756\ 8 = 2.623\ 5$.

问题 54 试证摆线 $x = a(1 - \cos t), y = a(t - \sin t)$ 在原点的近傍近似于半立方抛物线 $y = \dfrac{1}{3} \sqrt{\dfrac{2}{a}} x^{\frac{3}{2}}$.

证明 利用 $\cos t$ 与 $\sin t$ 的幂级数, 就可把摆线上一点的坐标写成形状

$$x = a\left(\frac{t^2}{2!} - \frac{t^4}{4!} + \cdots\right)$$

$$y = a\left(\frac{t^3}{3!} - \frac{t^5}{5!} + \cdots\right)$$

从而命题是正确的, 因为表达式 $y^2 - \dfrac{2}{9a} x^3$ 中之 y 与 x 若用上述幂级数代入, 则 t 的八次幂以前诸项都等于

0；因为

$$y^2 - \frac{2}{9a}x^3 = \frac{a^2 t^6}{(3!)^2}\left(1 - \frac{t^2}{20} + -\cdots\right)^2 -$$

$$\frac{2a^3 t^6}{9a(2!)^3}\left(1 - \frac{t^2}{12} + \cdots\right)^3$$

$$= \frac{a^2 t^6}{36}\left(1 - \frac{t^2}{10} + \cdots\right) - \frac{a^2 t^6}{36}\left(1 - \frac{t^2}{4} + \cdots\right)$$

$$= \frac{a^2 t^8}{240} - \cdots$$

问题 55 试确定两个数 a 与 b，使曲线：

$$(1)\, y(x) = \frac{1}{\sqrt{1 - (ax)^2}} \text{ 及 } \eta(x) = 1 + b\sinh^2 x;$$

$$(2)\, y(x) = x\sqrt{\frac{1-x}{1+x}} \text{ 及 } \eta(x) = a(\mathrm{e}^{bx} - 1);$$

$$(3)\, y(x) = a\sinh x \text{ 及 } \eta(x) = \cosh x \arctan(bx).$$

在坐标原点的近傍尽可能一致，也就是说，误差 $y(x) - \eta(x)$ 的幂级数展开式 $a_0 + a_1 x + a_2 x^2 + \cdots$ 从 x 的尽可能高的幂次开始. 问这些幂级数的第一个异于 0 的项是什么？

解 （1）

$$y(x) - \eta(x) = (1 - (ax)^2)^{\frac{1}{2}} - 1 - b\sin^2 x$$

$$= 1 + \frac{1}{2}a^2 x^2 + \binom{-\frac{1}{2}}{2}a^4 x^4 -$$

$$\binom{-\frac{1}{2}}{3}a^6 x^6 + \cdots - 1 - b\left(x + \frac{x^3}{3!} + \frac{x^5}{5!} + \cdots\right)^2$$

$$= \frac{1}{2}a^2x^2 + \frac{3}{8}a^4x^4 + \frac{5}{2^4}a^6x^6 + \cdots -$$

$$bx^2 - b\frac{2x^4}{3!} - b\frac{x^6}{(3!)^2} - b \cdot \frac{2x^6}{5!} + \cdots$$

$$= x^2\left(\frac{a^2}{2} - b\right) + x^4\left(\frac{3a^4}{8} - \frac{2b}{3!}\right) +$$

$$x^6\left(\frac{5a^6}{16} - \frac{b}{36} - \frac{2b}{5!}\right) + \cdots$$

于是为使这两曲线尽可能接近,应有 $\frac{a^2}{2} - b = 0$, $\frac{3a^4}{8} -$

$\frac{2b}{3!} = 0$, 或即 $a = \frac{2}{3}$, $b = \frac{2}{9}$. 这时差值 $y(x) - \eta(x)$ 为

$$x^6\left(\frac{20}{9^3} - \frac{2}{9 \cdot 36} - \frac{4}{9 \cdot 5!}\right) + \cdots = \frac{128}{81 \cdot 90}x^6 + \cdots$$

$$= 0.017\ 6x^6 + \cdots$$

(2) $y(x) - \eta(x)$

$$= x(1-x)(1-x^2)^{-\frac{1}{2}} - a(e^{bx} - 1)$$

$$= (x - x^2)\left(1 + \frac{1}{2}x^2 + \binom{-\frac{1}{2}}{2}x^4 + \cdots\right) -$$

$$a\left(bx + \frac{b^2x^2}{2!} + \frac{b^3x^3}{3!} + \cdots\right)$$

$$= x - x^2 + \frac{1}{2}x^3 - \frac{1}{2}x^4 + \frac{3}{8}x^5 + \cdots -$$

$$abx - \frac{ab^2}{2!}x^2 - \frac{ab^3}{3!}x^3 - \frac{ab^4}{4!}x^4 - \cdots$$

$$= x(1 - ab) + x^2\left(-1 - \frac{ab^2}{2!}\right) +$$

$$x^3\left(\frac{1}{2}-\frac{ab^3}{3!}\right)+\cdots$$

所以要差值 $y(x)-\eta(x)$ 尽可能地小，必须有 $ab=1$，$ab^2=-2$，即 $a=-\frac{1}{2},b=-2$. 此时有

$$y(x)-\eta(x)=-\frac{1}{6}x^3+\cdots$$

（3）　$y(x)-\eta(x)$

$$=a\sinh x-\cosh x\arctan bx$$

$$=a\left(x+\frac{x^3}{3!}+\frac{x^5}{5!}+\cdots\right)-\left(1+\frac{x^2}{2!}+\frac{x^4}{4!}+\cdots\right)\cdot$$

$$\left(bx-\frac{b^3x^3}{3}+\frac{b^5x^5}{5}-\cdots\right)$$

$$=x(a-b)+x^3\left(\frac{a}{3!}-\frac{b}{2!}+\frac{b^3}{3}\right)+$$

$$x^5\left(\frac{a}{5!}-\frac{b}{4!}+\frac{b^3}{2!\cdot3}-\frac{b^5}{5}\right)+\cdots$$

于是必须 $a=b$ 且 $\frac{1}{3!}-\frac{1}{2!}+\frac{b^2}{3}=0$，即 $b=a=\pm1$. 差值为

$$y(x)-\eta(x)=\pm x^5\left(\frac{1}{5!}-\frac{1}{4!}+\frac{1}{3!}-\frac{1}{5}\right)\pm\cdots$$

$$=\mp\frac{1}{15}x^5\pm\cdots$$

问题 56　试证曲线 $y=x\ln\sqrt{1-x}-x-\ln(1-x)$ 在坐标原点的近傍与曲线 $\eta=Cx^3$ 近似，同时决定常数 C.

证明　$y=\left(\frac{x}{2}-1\right)\ln(1-x)-x$

$$= \left(\frac{x}{2} - 1 \right) \left(-x - \frac{x^2}{2} - \frac{x^3}{3} - \cdots - \frac{x^n}{n} - \cdots \right) - x$$

$$= x^2 \left(\frac{1}{2} - \frac{1}{2} \right) + x^3 \left(\frac{1}{3} - \frac{1}{4} \right) + x^4 \left(\frac{1}{4} - \frac{1}{6} \right) + \cdots +$$

$$x^n \left(\frac{1}{n} - \frac{1}{2(n-1)} \right) + \cdots$$

$$= \frac{1}{12} x^3 + \frac{1}{12} x^4 + \frac{3}{40} x^5 + \cdots$$

当 $x \approx 0$ 时, 给定曲线与曲线 $y = \dfrac{1}{12} x^3$ 相近似, 于是 $C = \dfrac{1}{12}$.

问题 57　球 (r) 内接两个圆锥, 它们的底圆的半径为 a 而高分别为 h 与 $2r - h$. 设 V 是这两个圆锥体积之差, 试把 V 按 a 的乘幂展开 (图 6).

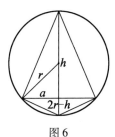

图 6

解　$V = \dfrac{1}{3} \pi a^2 (2r - h) - \dfrac{1}{3} \pi a^2 h$

$$= \frac{2}{3} \pi a^2 (r - h)$$

因为

$$(r - h)^2 = r^2 - a^2$$

故

$$V = \frac{2}{3}\pi a^2 \sqrt{r^2 - a^2}$$

$$= \frac{2}{3}\pi a^2 r \left(1 - \frac{a^2}{r^2}\right)^{\frac{1}{2}}$$

$$= \frac{2}{3}\pi a^2 r \sum_{\lambda=0}^{\infty} \binom{\frac{1}{2}}{\lambda}(-1)^\lambda \frac{a^{2\lambda}}{r^{2\lambda}}$$

$$= \frac{2\pi}{3} \sum_{\lambda=0}^{\infty} \binom{\frac{1}{2}}{\lambda}(-1)^\lambda \frac{a^{2(\lambda+1)}}{r^{2\lambda-1}}$$

$$= \frac{2\pi}{3}\left(a^2 r - \frac{1}{2}\frac{a^4}{r} - \frac{1}{8}\frac{a^6}{r^3} - \cdots\right)$$

当 $a < r$ 时,这个级数肯定是收敛的.

问题 58　试将 $\Phi(s) = \dfrac{C}{s}\left(\dfrac{1}{r_1(s)} - \dfrac{1}{r_2(s)}\right)$ 按 s 的乘幂展开(图 7).

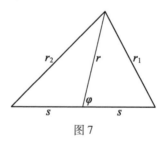

图 7

解

$$\Phi(s) = \frac{C}{s}\left(\frac{1}{\sqrt{r^2 + s^2 - 2rs\cos\varphi}} - \frac{1}{\sqrt{r^2 + s^2 + 2rs\cos\varphi}}\right)$$

$$= \frac{C}{rs}\left(\left(1 + \frac{s^2 - 2rs\cos\varphi}{r^2}\right)^{-\frac{1}{2}} - \left(1 + \frac{s^2 + 2rs\cos\varphi}{r^2}\right)^{-\frac{1}{2}}\right)$$

$$= \frac{C}{rs}\left(1 - \frac{1}{2}u + \frac{3}{8}u^2 - \frac{5}{16}u^3 + \cdots - \right.$$

$$\left. 1 + \frac{1}{2}v - \frac{3}{8}v^2 + \frac{5}{16}v^3 - \cdots \right)$$

其中 $u = \dfrac{s^2 - 2rs\cos\varphi}{r^2}, v = \dfrac{s^2 + 2rs\cos\varphi}{r^2}$. 进而可得

$$\Phi(s) = \frac{C}{rs}\left(\frac{2s\cos\varphi}{r} - 2 \cdot \frac{3}{8}\frac{4rs^3\cos\varphi}{r^4} + 2 \cdot \frac{5}{16}\frac{2^3 r^3 s^3 \cos^3\varphi}{r^6} + \cdots \right)$$

$$= \frac{2C\cos\varphi}{r^2}\left(1 + \frac{s^2}{2r^2}(5\cos^2\varphi - 3) + \cdots \right)$$

当 $u < 1$ 且 $v < 1$,或者当 $s^2 \mp 2rs\cos\varphi + r^2 < 2r^2$,即当 $s < r$(参阅图 7)时,级数是收敛的.

问题 59　试将 $\dfrac{x}{\sin x}$ 与 $\dfrac{x^2}{\sin^2 x}$ 按 x 的乘幂展开.

解　应用待定系数法,即设

$$\frac{x}{\sin x} = a_0 + a_2 x^2 + a_4 x^4 + \cdots \quad \left(\frac{x}{\sin x} 是一偶函数 \right)$$

则有

$$\frac{x}{\sin x} = 1 + \frac{1}{6}x^2 + \frac{7}{360}x^4 + \cdots$$

收敛域为 $|x| < \pi$. 应用乘法定理,作级数平方,就得到

$$\frac{x^2}{\sin^2 x} = 1 + \frac{1}{3}x^2 + \frac{1}{15}x^4 + \cdots$$

问题 60　设给定 $\displaystyle\int_0^x e^{-x^2}\mathrm{d}x = e^{-x^2}y$. 试证 y 满足微分方程 $y' - 2xy = 1$,并把 y 按 x 的乘幂展开.

解　把给定方程的两端对 x 微分,就得到所指的微分方程. 继续微分,得递推公式

$$y^{(n)} = 2(n-1)y^{(n-2)} + 2xy^{(n-1)} \quad (n \geqslant 2)$$

因为当 $x = 0$ 时 $y = 0$，故也有

$$y''(0) = y^{(4)}0 = \cdots = y^{(2\lambda)}(0) = 0$$

及

$$y'(0) = 1, y'''(0) = 2 \cdot 2$$

$$y^{(5)}(0) = 2^2 \cdot 2 \cdot 4, y^{(7)}(0) = 2^3 \cdot 2 \cdot 4 \cdot 6, \cdots$$

$$y^{(2\lambda+1)}(0) = 2^\lambda \cdot 2 \cdot 4 \cdot 6 \cdot \cdots \cdot 2\lambda$$

函数 y 可以写成形式

$$y = \sum_0^\infty \frac{1}{v!} y^{(v)}(0) x^v$$

又因为

$$\frac{y^{(2\lambda+1)}(0)}{(2\lambda+1)!} = \frac{2^\lambda}{1 \cdot 3 \cdot 5 \cdot \cdots \cdot (2\lambda+1)}$$

于是

$$y = x + \frac{2}{1 \cdot 3}x^3 + \frac{2^2}{1 \cdot 3 \cdot 5}x^5 + \cdots +$$

$$\frac{2^\lambda}{1 \cdot 3 \cdot 5 \cdot \cdots \cdot (2\lambda+1)}x^{2\lambda+1} + \cdots$$

因为 $\lim\limits_{n\to\infty} \dfrac{u_{n+1}}{u_n} = \lim\limits_{n\to\infty} \dfrac{2x^2}{2n-1} = 0$，所以级数对 x 的每一个

值都是收敛的.

问题 61 计算 $y = \lim\limits_{x\to\infty}(x^2 - \sqrt{x^4 - x^2 + 1})$.

解 原式可以写成形式

$$y = \lim_{x\to\infty}\left(x^2 - x^2\sqrt{1 - \left(\frac{1}{x^2} - \frac{1}{x^4}\right)}\right)$$

再把根式按 $\left(\dfrac{1}{x^2} - \dfrac{1}{x^4}\right)$ 的乘幂展开为幂级数. 结果是

0.5. 如果把给定的式子乘以和除以 $x^2 + \sqrt{x^4 - x^2 + 1}$，我们也可得出这个结果. 实际上

$$y = \lim_{x \to \infty} \frac{x^2 - 1}{x^2 + \sqrt{x^4 - x^2 + 1}}$$

$$= \lim_{x \to \infty} \frac{1 - \dfrac{1}{x^2}}{1 + \sqrt{1 - \dfrac{1}{x^2} + \dfrac{1}{x^4}}} = \frac{1}{2}$$

问题 62　（1）$\lim\limits_{x \to 0} \dfrac{e^{x^2 - x} + x - 1}{1 - \sqrt{1 - x^2}} = ?$

（2）$\lim\limits_{x \to 0} \dfrac{2\sqrt{1 + x^2} - 2 - x^2}{(e^{x^2} - \cos x)\sin(x^2)} = ?$

解　把分子与分母都按 x 的乘幂展开，就得到

（1）$\lim\limits_{x \to 0} \dfrac{1 + (x^2 - x) + \dfrac{1}{2!}(x^2 - x)^2 + \cdots + x - 1}{1 - \left(1 - \dfrac{1}{2}x^2 - \dfrac{1}{8}x^4 - \cdots\right)}$

$$= \lim_{x \to 0} \frac{\dfrac{3}{2}x^2 - x^3\left(1 + \dfrac{1}{3!}\right) + \cdots}{\dfrac{1}{2}x^2 + \dfrac{1}{8}x^4 + \cdots} = 3$$

（2）$\lim\limits_{x \to 0} \dfrac{2\left(1 + \dfrac{1}{2}x^2 - \dfrac{1}{8}x^4 + \cdots\right) - 2 - x^2}{\left(1 + x^2 + \dfrac{x^4}{2!} + \cdots - \left(1 - \dfrac{x^2}{2!} + \cdots\right)\right)\left(x^2 - \dfrac{x^6}{3!} + \cdots\right)}$

$$= \lim_{x \to 0} \frac{-\dfrac{1}{4}x^4 + \cdots}{x^2\left(\dfrac{3}{2}x^2 + \cdots\right)\left(1 - \dfrac{x^4}{3!} + \cdots\right)} = -\frac{1}{6}$$

问题 63 $\lim\limits_{x \to \infty} \dfrac{\arcsin x - \sin x}{\arctan x - \tan x} = ?$

解 利用 $\arcsin x, \sin x, \arctan x$ 与 $\tan x$ 的级数展开式.

结果是 $-\dfrac{1}{2}$. 也可以利用伯努利 – 洛必达法则得到同一结果.

问题 64 试证对于不为负整数的一切 x 值

$$\sum_{n=1}^{\infty} \frac{x^n}{(x+1)(x+2)\cdots(x+n)}$$

是收敛的.

证明 把第 n 项记作 u_n,则

$$\lim_{n \to \infty} \left| \frac{u_{n+1}}{u_n} \right| = \lim_{n \to \infty} \left| \frac{x}{x+n+1} \right| = 0$$

如果 $x \neq -(n+1)$.

问题 65 求

$$\frac{0!}{x^2} + \frac{1!}{(x(x+1))^2} + \frac{2!}{(x(x+1)(x+2))^2} + \cdots$$

的收敛域.

解 比值 $\dfrac{u_{n+1}}{u_n} = \dfrac{n}{(x+n)^2}$ 当 $n \to \infty$ 时趋于 0,如果 $x \neq -n$,所以对于一切不等于 0 或负整数的 x 值,级数是收敛的.

问题 66 求 $\sum\limits_{n=0}^{\infty} \mathrm{e}^{-n^2 z}$($z$ 是复数)的收敛域.

解 令 $z = x + \mathrm{i}y$ 并取相邻两项的比值 q. 就有

$$q = \mathrm{e}^{-(2n+1)x} \mathrm{e}^{-(2n+1)\mathrm{i}y}$$
$$= \mathrm{e}^{-(2n+1)x}(\cos(2n+1)y - \mathrm{i}\sin(2n+1)y)$$

因为第一个因子当 $x > 0$ 时随 n 的增大而趋于 0，而第二个因子的绝对值等于 1，所以当 $n \to \infty$ 时 $q \to 0$. 于是当 $x > 0$ 时级数总是收敛的.

问题 67　设给定 $f(x) = \sum_{n=1}^{\infty} \dfrac{\sin nx}{n^2}$. 试计算

$$a_m = \int_{-\pi}^{\pi} f(x) \cos mx \, \mathrm{d}x$$

及

$$b_m = \int_{-\pi}^{\pi} f(x) \sin mx \, \mathrm{d}x \quad (m = 1, 2, 3, \cdots)$$

解　由于给定的级数是一致收敛的——因为收敛的常数项级数 $\sum \dfrac{1}{n^2}$ 是它的优级数——我们有

$$a_m = \int_{-\pi}^{\pi} \left(\sum_{n=1}^{\infty} \frac{\sin nx \cos mx}{n^2} \right) \mathrm{d}x$$

$$= \sum_{n=1}^{\infty} \left(\frac{1}{n^2} \int_{-\pi}^{\pi} \sin nx \cos mx \, \mathrm{d}x \right)$$

因为其中的积分等于

$$\frac{1}{2} \int_{-\pi}^{\pi} (\sin(n+m)x + \sin(n-m)x) \, \mathrm{d}x = 0$$

于是 $a_m = 0$. 在计算 b_m 时，出现积分

$$-\frac{1}{2} \int_{-\pi}^{\pi} (\cos(n+m)x - \cos(n-m)x) \, \mathrm{d}x$$

当 $n \neq m$ 时它等于 0，可是当 $n = m$ 时，它等于 π，所以 $b_m = \dfrac{\pi}{m^2}$.

问题 68　（1）把 $\ln \sin x$ 按 $\cos x$ 的乘幂展开；（2）把 $\ln \cos x$ 按 $\sin x$ 的乘幂展开.

解 （1）设 $\cos x = z$，于是 $\sin x = \sqrt{1 - z^2}$，所以

$$\ln \sin x = \frac{1}{2}\ln(1 - z^2)$$

$$= \frac{1}{2}\left(-z^2 - \frac{1}{2}z^4 - \frac{1}{3}z^6 - \cdots\right)$$

$$= -\frac{1}{2}\left(\cos^2 x + \frac{1}{2}\cos^4 x + \frac{1}{3}\cos^6 x + \cdots\right)$$

$$(x \neq k\pi)$$

（2）在上述结果中把 x 换作 $\frac{1}{2}\pi - x$，相应地有

$$\ln \cos x = -\frac{1}{2}\left(\sin^2 x + \frac{1}{2}\sin^4 x + \frac{1}{3}\sin^6 x + \cdots\right)$$

$$\left(x \neq \frac{1}{2}(2k + 1)\pi\right)$$

问题 69 把 $y = \cosh x$ 按 $z = e^x - 1$ 的乘幂展开.

解 $\cosh x = \dfrac{e^{2x} + 1}{2e^x} = \dfrac{(z + 1)^2 + 1}{2(z + 1)}$

$$= \frac{1}{2}\left(1 + z + \frac{1}{1 + z}\right)$$

$$= 1 + \frac{1}{2}(z^2 - z^3 + z^4 - \cdots)$$

当 $|z| < 1$，即 $x \ln 2$ 时，上式成立.

问题 70 设当 $0 \leqslant x < 2\pi$ 时 $f(x) = e^x$，而 $f(x + 2\pi) = f(x)$. 试把 $f(x)$ 展开为傅里叶级数.

解 由于

$$a_0 = (e^{2\pi} - 1) \div 2\pi$$

$$a_\lambda = \frac{1}{\pi}\int_0^{2\pi} e^x \cos \lambda x \, dx = \frac{1}{\pi}\frac{e^{2\pi} - 1}{1 + \lambda^2}$$

$$b_\lambda = -\frac{1}{\pi}\frac{\lambda(e^{2\pi}-1)}{1+\lambda^2}\ (\text{分部积分法})$$

所以结果是

$$f(x) = \frac{e^{2\pi}-1}{\pi}\left(\frac{1}{2} + \sum_{\lambda=1}^{\infty}\frac{\cos\lambda x}{1+\lambda^2} - \sum_{\lambda=1}^{\infty}\frac{\lambda\sin\lambda x}{1+\lambda^2}\right)$$

问题 71　$J = \displaystyle\int_0^{\frac{\pi}{6}}\cos^{\frac{5}{4}}x\,dx = ?$

解　$J = \displaystyle\int_0^{\frac{\pi}{6}}\cos x\left(\sqrt{1-\sin^2 x}\right)^{\frac{1}{4}}dx$

$\qquad = \displaystyle\int_0^{\frac{1}{2}}(1-u^2)^{\frac{1}{8}}du$

其中 $\sin x = u$. 把被积函数展为幂级数

$$J = \int_0^{\frac{1}{2}}\left(1-\frac{1}{8}u^2 + \binom{\frac{1}{8}}{2}u^4 + \cdots + \binom{\frac{1}{8}}{n}(-1)^n u^{2n} + \cdots\right)du$$

$$= \frac{1}{2} - \frac{1}{8}\cdot\frac{1}{3\cdot 2^3} + \binom{\frac{1}{8}}{2}\frac{1}{5\cdot 2^5} - \cdots$$

$$= 0.494\,41$$

问题 72　把 $J_0(x) = \dfrac{1}{\pi}\displaystyle\int_0^{\pi}\cosh(2\sqrt{x}\cos\omega)\,d\omega$ 按 x 的乘幂展开.

解　$\cosh(2\sqrt{x}\cos\omega) = \displaystyle\sum_{\lambda=0}^{\infty}\frac{1}{(2\lambda)!}2^{2\lambda}x^{\lambda}\cos^{2\lambda}\omega$

如果把 $\displaystyle\int_0^{\pi}\cos^{2\lambda}\omega\,d\omega$ 记作 $T_{2\lambda}$, 利用递推公式 $T_{2\lambda} = \dfrac{2\lambda-1}{2\lambda}T_{2\lambda-2}$, 又因为 $T_0 = \pi$, 我们得到

$$T_2 = \frac{1}{2}\pi, T_4 = \frac{3}{2 \cdot 4}\pi, T_6 = \frac{3 \cdot 5}{2 \cdot 4 \cdot 6}\pi, \cdots$$

$$T_{2\lambda} = \frac{3 \cdot 5 \cdot \cdots \cdot (2\lambda - 1)}{2 \cdot 4 \cdot 6 \cdot \cdots \cdot 2\lambda}\pi$$

由此

$$J_0(x) = \sum_0^\infty \frac{x^\lambda}{(\lambda!)^2}$$

$$= 1 + \frac{x}{(1!)^2} + \frac{x^2}{(2!)^2} + \frac{x^3}{(3!)^2} + \cdots$$

问题 73 利用级数展开法计算 $y = \int_0^{\frac{1}{2}} \frac{\mathrm{d}x}{\cos x}$.

解 设 $\frac{1}{\cos x} = a_0 + a_2 x^2 + \cdots$, 同时利用 $\cos x$ 的幂级数以及级数的乘法定理来确定 $a_0, a_2, \cdots$, 就得到

$$a_0 = 1, a_2 = \frac{a_0}{2!}, a_4 = \frac{a_2}{2!} - \frac{a_0}{4!}, a_6 = \frac{a_4}{2!} - \frac{a_2}{4!} + \frac{a_0}{6!}, \cdots$$

再积分得

$$y = \left[x + \frac{x^3}{6} + \frac{x^5}{24} + \cdots \right]_0^{\frac{1}{2}} = 0.522$$

问题 74 利用幂级数计算 $y = \int_0^{\frac{\pi}{2}} \sqrt{1 - \frac{3}{4}\sin^2 2\varphi}\, \mathrm{d}\varphi$.

解 $\left(1 - \frac{3}{4}\sin^2 2\varphi \right)^{\frac{1}{2}} = 1 - \frac{1}{2} \cdot \frac{3}{4}\sin^2 2\varphi -$

$$\frac{1}{2 \cdot 4}\left(\frac{3}{4} \right)^2 \sin^4 2\varphi -$$

$$\frac{1 \cdot 3}{2 \cdot 4 \cdot 6}\left(\frac{3}{4} \right)^3 \sin^6 2\varphi - \cdots$$

当 $\sin 2\varphi$ 的值为 1 时,这个级数也是收敛的,所以它在整个积分区域上一致收敛,于是可以逐项积分.

因为

$$\int_0^{\frac{\pi}{2}} \sin^{2n} 2\varphi \,\mathrm{d}\varphi = \int_0^{\frac{\pi}{2}} \sin^{2n} u \,\mathrm{d}u$$

$$= \frac{1 \cdot 3 \cdot 5 \cdot \cdots \cdot (2n-1)}{2 \cdot 4 \cdot 6 \cdot \cdots \cdot 2n} \cdot \frac{\pi}{2} \text{ ①}$$

就得到

$$y = \frac{\pi}{2}\left(1 - \left(\frac{3}{4}\right)\left(\frac{1}{2}\right)^2 - \frac{1}{3}\left(\frac{3}{4}\right)^2\left(\frac{1 \cdot 3}{2 \cdot 4}\right)^2 - \right.$$

$$\frac{1}{5}\left(\frac{3}{4}\right)^3\left(\frac{1 \cdot 3 \cdot 5}{2 \cdot 4 \cdot 6}\right)^2 - \frac{1}{7}\left(\frac{3}{4}\right)^4\left(\frac{1 \cdot 3 \cdot 5 \cdot 7}{2 \cdot 4 \cdot 6 \cdot 8}\right)^2 - \cdots\right)$$

$$= \frac{\pi}{2}\left(1 - 3\left(\frac{1}{4}\right)^2 - \frac{1}{3} \cdot 3^2\left(\frac{1 \cdot 3}{4 \cdot 8}\right)^2 - \frac{1}{5} \cdot 3^3\left(\frac{1 \cdot 3 \cdot 5}{4 \cdot 8 \cdot 12}\right)^2 - \right.$$

$$\frac{1}{7} \cdot 3^4\left(\frac{1 \cdot 3 \cdot 5 \cdot 7}{4 \cdot 8 \cdot 12 \cdot 16}\right)^2 - \cdots\right) = 1.22$$

本题是第二类完全椭圆积分的一个数值题.

---

① $\int_0^{\frac{\pi}{2}} \sin^{2n} 2\varphi \,\mathrm{d}\varphi = \int_0^{\frac{\pi}{2}} \sin^{2n} u \,\mathrm{d}u$ 的证明如下:令 $u = 2\varphi$,得

$$\int_0^{\frac{\pi}{2}} \sin^{2n} 2\varphi \,\mathrm{d}\varphi = \frac{1}{2}\int_0^{\pi} \sin^{2n} u \,\mathrm{d}u$$

$$= \frac{1}{2}\int_0^{\frac{\pi}{2}} \sin^{2n} u \,\mathrm{d}u + \frac{1}{2}\int_{\frac{\pi}{2}}^{\pi} \sin^{2n} u \,\mathrm{d}u$$

在最后一个积分中令 $u = \pi - y$,于是

$$\int_{\frac{\pi}{2}}^{\pi} \sin^{2n} u \,\mathrm{d}u = \int_0^{\frac{\pi}{2}} \sin^{2n} y \,\mathrm{d}y = \int_0^{\frac{\pi}{2}} \sin^{2n} u \,\mathrm{d}u$$

再代回上式即得证.

问题 75　利用级数展开法计算 $\int_0^1 \ln(1 + x) \dfrac{\mathrm{d}x}{x}$.

解　$1 - \dfrac{1}{4} + \dfrac{1}{9} - \dfrac{1}{16} + \cdots = \dfrac{\pi^2}{12}$.

问题 76　$c(z) = 1 + \dfrac{\cos z}{1!} + \dfrac{\cos 2z}{2!} + \dfrac{\cos 3z}{3!} + \cdots = ?$

$s(z) = \dfrac{\sin z}{1!} + \dfrac{\sin 2z}{2!} + \dfrac{\sin 3z}{3!} + \cdots = ?$

解　这两个级数对一切 z 都是收敛的. 作

$$c(z) + \mathrm{i}s(z) = 1 + \dfrac{\mathrm{e}^{\mathrm{i}z}}{1!} + \dfrac{\mathrm{e}^{2\mathrm{i}z}}{2!} + \cdots = \exp(\mathrm{e}^{\mathrm{i}z})$$

$$= \mathrm{e}^{\cos z}(\cos(\sin z) + \mathrm{i}\sin(\sin z))$$

结果是

$$c(z) = \mathrm{e}^{\cos z}\cos(\sin z), s(z) = \mathrm{e}^{\cos z}\sin(\sin z)$$

问题 77　$S = \displaystyle\sum_{n=1}^{\infty} \dfrac{(-1)^{\frac{n}{2}}}{n} = ?$

解　先作 n 是偶数的项的和 $S_{\text{偶}}$,得

$$S_{\text{偶}} = -\dfrac{1}{2}\left(1 - \dfrac{1}{2} + \dfrac{1}{3} - \cdots\right) = -\dfrac{1}{2}\ln 2$$

相应地 n 是奇数($n = 2\lambda + 1$)的项的和 $S_{\text{奇}}$ 为

$$S_{\text{奇}} = \sum_{\lambda=0}^{\infty} \dfrac{(-1)^{\frac{1}{2}(2\lambda+1)}}{2\lambda + 1} = \pm \mathrm{i}\sum_{\lambda=0}^{\infty} \dfrac{(-1)^{\lambda}}{2\lambda + 1}$$

$$= \pm \mathrm{i}\left(1 - \dfrac{1}{3} + \dfrac{1}{5} - \cdots\right) = \pm \mathrm{i}\dfrac{\pi}{4}$$

所以

$$S = S_{\text{奇}} + S_{\text{偶}} = \pm \mathrm{i}\dfrac{\pi}{4} - \dfrac{1}{2}\ln 2$$

问题 78　计算 $S = \displaystyle\sum_{n=0}^{\infty} 2^{-\frac{n}{2}} \cdot \mathrm{e}^{\frac{\mathrm{i}n\pi}{4}}$.

图 8 是在复数平面的图形表示.

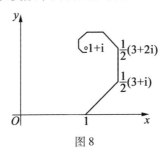

图 8

解　$S = \sum\limits_{n=0}^{\infty} \dfrac{1}{\sqrt{2^n}} \Big(\cos \dfrac{\pi}{4} + \mathrm{i}\sin \dfrac{\pi}{4} \Big)^n$

$\quad = \sum\limits_{n=0}^{\infty} \Big(\dfrac{1}{\sqrt{2}} \Big(\cos \dfrac{\pi}{4} + \mathrm{i}\sin \dfrac{\pi}{4} \Big) \Big)^n$

$\quad = \sum\limits_{n=0}^{\infty} \Big(\dfrac{1+\mathrm{i}}{2} \Big)^n = \dfrac{1}{1 - \dfrac{1+\mathrm{i}}{2}} = \dfrac{2}{1 - \mathrm{i}}$

$\quad = 1 + \mathrm{i}$

级数是收敛的,因为 $|z| = \left| \dfrac{1+\mathrm{i}}{2} \right| = \dfrac{1}{\sqrt{2}} < 1$.

问题 79　当 $|x|$ 微小时,$\mathrm{e}^x = 1 + \dfrac{x}{1!} + \dfrac{x^2}{2!} + \cdots$ 用一

个分式有理函数来近似表达,而分子与分母有相等的

次数 n,试确定当 $n = 1, 2, 3$ 时分式函数的系数,使得

误差分别是 3,5,7 阶的. 再由所得结果求 e 的近似值.

解　(1) $n = 1$,误差是 3 阶的,设

$$\mathrm{e}^x \approx 1 + x + \dfrac{1}{2}x^2 \approx \dfrac{a_0 + a_1 x}{b_0 + b_1 x}$$

再令 x 的直到二次的同次幂相等来确定诸系数,就

得到

$$\mathrm{e}^x \approx \frac{1 + \dfrac{1}{2}x}{1 - \dfrac{1}{2}x}$$

（2）$n = 2$，误差是 5 阶的，设

$$\mathrm{e}^x \approx 1 + x + \frac{x^2}{2} + \frac{x^3}{6} + \frac{x^4}{24} \approx \frac{a_0 + a_1 x + a_2 x^2}{b_0 + b_1 x + b_2 x^2}$$

相应地有

$$\mathrm{e}^x \approx \frac{1 + \dfrac{1}{2}x + \dfrac{1}{12}x^2}{1 - \dfrac{1}{2}x + \dfrac{1}{12}x^2}$$

（3）$n = 3$，误差是 7 阶的，设

$$\mathrm{e}^x \approx 1 + x + \cdots + \frac{x^5}{120} + \frac{x^6}{720} \approx \frac{a_0 + a_1 x + a_2 x^2 + a_3 x^3}{b_0 + b_1 x + b_2 x^2 + b_3 x^3}$$

我们有

$$\mathrm{e}^x \approx \frac{1 + \dfrac{1}{2}x + \dfrac{1}{10}x^2 + \dfrac{1}{120}x^3}{1 - \dfrac{1}{2}x + \dfrac{1}{10}x^2 - \dfrac{1}{120}x^3}$$

当 $x = 1$ 就得到 e 的近似值，即 $\mathrm{e} \approx 3; \dfrac{19}{7} \approx 2.714; \dfrac{193}{71} = 2.718\,31$.

问题 80　计算正弦曲线从 $x = 0$ 量起的弧长.

解　$s = \displaystyle\int_0^x \sqrt{1 + \cos^2 x}\, \mathrm{d}x$

$$= \sqrt{2} \int_0^x \sqrt{1 - \frac{1}{2}\sin^2 x}\, \mathrm{d}x$$

$$= \sqrt{2}\, E\!\left(x, \frac{1}{2}\sqrt{2}\right)$$

216

第 4 章　数列与级数

于是在区间 $(0,\pi)$ 上,正弦曲线的长是

$$2\sqrt{2}E\left(\frac{1}{2}\pi,\frac{1}{2}\sqrt{2}\right) = 3.8195$$

问题 81　试证 $J = \int_0^{\frac{\pi}{2}} \frac{\mathrm{d}x}{\sqrt{\sin x}} = \sqrt{2}F\left(\frac{1}{2}\pi,\frac{1}{2}\sqrt{2}\right).$

证明　设 $\sin x = \cos^2\varphi$,于是

$$J = \int_0^{\frac{\pi}{2}} \frac{2\mathrm{d}\varphi}{\sqrt{1+\cos^2\varphi}} = \sqrt{2}\int_0^{\frac{\pi}{2}} \frac{\mathrm{d}\varphi}{\sqrt{1-\frac{1}{2}\sin^2\varphi}}$$

$$= \sqrt{2}F\left(\frac{1}{2}\pi,\frac{1}{2}\sqrt{2}\right) = 2.622$$

问题 82　试把双纽线积分 $F = \int_0^z \frac{\mathrm{d}z}{\sqrt{1-z^4}}$ 用 $z = \tan\varphi$ 化成椭圆积分.

解　我们有

$$F = \int_0^\varphi \frac{\mathrm{d}\varphi}{\sqrt{1-2\sin^2\varphi}}$$

$$= F(\varphi,\sqrt{2}) = F(\arctan z,\sqrt{2})$$

问题 83　试证

$$\frac{\pi^2}{8} = \frac{1}{1^2} + \frac{1}{3^2} + \frac{1}{5^2} + \cdots$$

$$\frac{\pi^2}{24} = \frac{1}{2^2} + \frac{1}{4^2} + \frac{1}{6^2} + \cdots$$

证明　略.

问题 84　试证圆的弓形的面积为 $J \approx \frac{1}{12}\alpha^3 r^2$,其中 r 是圆的半径,而 α 是弓形所对应的中心角.

217

证明 圆的弓形的面积为 $J = \dfrac{1}{2}r^2\alpha - \dfrac{1}{2}r^2\sin\alpha$.

利用 $\sin\alpha$ 的级数展开式,则得当 α 趋于 0 时,$\dfrac{J}{\alpha^3}$ 趋

于 $\dfrac{r^2}{12}$.

问题 85 如果在图 9 中我们误令 $\overline{AB} = \overparen{AC}$($BA \perp$

$AD, AD = 3AO$),试估计其误差.

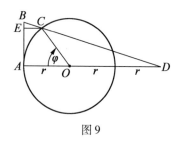

图 9

解 因为 $\overparen{AC} = r\varphi$,$\overline{AB}$ 可以由比例 $AB : AD = BE :$

CE,并借助于关系式 $AD = 3r, BE = AB - r\sin\varphi, CE =$

$r - r\cos\varphi$ 来算得. $AB = \dfrac{3r\sin\varphi}{2 + \cos\varphi}$. 利用 $\sin\varphi$ 与 $\cos\varphi$ 的

幂级数,就得到 $AB = r\varphi\left(1 - \dfrac{\varphi^4}{180} + \cdots\right)$. 误差至多

为 $\dfrac{r\varphi^5}{180}$.

问题 86 就抛物线 $y = ax^2$ 介于点 $O(0,0)$ 与

$P(x, ax^2)$ 之间的弧长而言,以下的作图提供了一个近

似公式:通过点 P 平行于 x 轴的直线与直线 $x = \dfrac{1}{a}$ 交

于点 Q;矢径 OQ 与点 P 的纵坐标线交于一点,其纵坐

标的值为 z. 于是抛物线的弧长 $\overparen{OP} = s \approx x + \dfrac{2}{3}z$. 当 $2ax < 1$，这个近似公式成立. 试证明这个命题 (图 10).

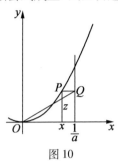

图 10

证明　当 $2ax < 1$ 时有

$$\overparen{OP} = \int_0^x \sqrt{1 + 4a^2 x^2}\,\mathrm{d}x$$

$$= \int_0^x \left(1 + \binom{\frac{1}{2}}{1} 4a^2 x^2 + \binom{\frac{1}{2}}{2} 4^2 a^4 x^4 + \cdots \right) \mathrm{d}x$$

$$= x + \frac{2}{3}a^2 x^3 - \frac{2}{5}a^4 x^5 + \cdots$$

$$\approx x + \frac{2}{3}a^2 x^3$$

另外，从图 10 得到比例关系 $z : x = y : \dfrac{1}{a}$，再利用抛物线的方程容易得到 $z = a^2 x^3$，所以有 $\overparen{OP} \approx x + \dfrac{2}{3}z$.

问题 87　利用斯特林公式计算

$$A = \lim_{x \to \infty} \left\{ \frac{(x!)^2}{(x-p)!\,(x+p)!} \right\}$$

其中 p 是常数 (x, p 都是正整数).

解 首先因为斯特林公式中的指数因子是收敛于 1 的,于是得

$$A = \lim_{x \to \infty} \frac{x^{2x+1}}{(x-p)^{x-p+\frac{1}{2}}(x+p)^{x+p+\frac{1}{2}}}$$

$$= \lim_{x \to \infty} \left(\frac{x}{x-p}\right)^{x-p+\frac{1}{2}} \cdot \lim_{x \to \infty} \left(\frac{x}{x-p}\right)^{x+p+\frac{1}{2}}$$

$$= \lim_{x \to \infty} \left(\frac{x}{x-p}\right)^{x-p} \cdot \lim_{x \to \infty} \left(\frac{x}{x+p}\right)^{x+p} \cdot$$

$$\lim_{x \to \infty} \left(\frac{x^2}{x^2-p^2}\right)^{\frac{1}{2}} = A_1 \cdot A_2 \cdot A_3$$

令 $x - p = pu$,就有 $A_1 = \lim_{u \to \infty} \left(1 + \frac{1}{u}\right)^{pu} = \mathrm{e}^p$,相应地又有

$A_2 = \mathrm{e}^{-p}$,及 $A_3 = 1$,所以 $A = A_1 \cdot A_2 \cdot A_3 = 1$.